U0814525

中国气象观测质量报告
（2020）

中国气象局气象探测中心　编

气象出版社
China Meteorological Press

内容简介

观测是气象工作的基础，观测的质量直接影响气象预报服务的质量。本书以综合气象观测业务质量提升为主线，包含观测网布局、观测数据质量评估、观测网运行质量、观测质量业务能力以及观测质量改进共五章，评估设备种类包含除卫星气象观测外的全国业务运行的新一代天气雷达观测网、风廓线雷达观测网、探空观测网、GNSS/MET 观测网、雷电观测网、国家级地面气象观测网、自动土壤水分观测网和大气成分观测网共 8 类，覆盖 6300 多个观测站；报告的评估时段及数据来源为 2020 年度全国业务运行的"天衡天衍质控系统"和"综合气象观测业务运行信息化平台"。

本书是中国气象局气象探测中心落实中国气象局党组加强观测业务质量管理、强化数据质量控制，确保气象数据准确、权威、科学的具体举措，是中国气象探测强国建设的重要组成部分。

图书在版编目（CIP）数据

中国气象观测质量报告. 2020 / 中国气象局气象探测中心编. -- 北京 : 气象出版社, 2021.12
ISBN 978-7-5029-7626-2

Ⅰ. ①中… Ⅱ. ①中… Ⅲ. ①气象观测－质量管理－研究报告－中国－2020 Ⅳ. ①P41-12

中国版本图书馆CIP数据核字(2021)第255798号

中国气象观测质量报告(2020)
ZHONGGUO QIXIANG GUANCE ZHILIANG BAOGAO(2020)
中国气象局气象探测中心　编

出版发行：气象出版社
地　　址：北京市海淀区中关村南大街 46 号　　邮政编码：100081
电　　话：010-68407112(总编室)　010-68408042(发行部)
网　　址：http://www.qxcbs.com　　E-mail：qxcbs@cma.gov.cn
责任编辑：蔺学东　　终　　审：吴晓鹏
责任校对：张硕杰　　责任技编：赵相宁
封面设计：艺点设计
印　　刷：北京建宏印刷有限公司
开　　本：787 mm×1092 mm　1/16　　印　　张：4.25
字　　数：130 千字
版　　次：2021 年 12 月第 1 版　　印　　次：2021 年 12 月第 1 次印刷
定　　价：50.00 元

本书如存在文字不清、漏印以及缺页、倒页、脱页等，请与本社发行部联系调换。

《中国气象观测质量报告(2020)》
编　委　会

主　　任：李良序

编　　委：梁海河　邵　楠　吴　蕾　陈玉宝　雷　勇　张　勇
张雪芬

编　写　组

主　　编：赵培涛

副 主 编：施丽娟　李　雁

编写人员：

数据质量组：李翠娜　杨馨蕊　林雪娇

观测网运行组：崔喜爱　秦世广
刘　健(内蒙古自治区赤峰市气象局)　杨金红

天气雷达方向：张乐坚　文　浩

风廓线雷达方向：李瑞义　杨馨蕊

探空系统方向：郭启云　夏元彩

地面自动站方向：张　鑫　黄子芹(广西壮族自治区资源县气象局)
霍延风(安徽省休宁县气象局)

雷电方向：庞文静　梁　丽

自动土壤水分方向：吴东丽　朱永超

GNSS/MET方向：梁　宏　胡　姮

大气成分方向：颜　鹏　荆俊山　娄梦筠　李雅楠

中试评估方向：徐鸣一　赵晨曦
李　季(山东省气象局大气探测技术保障中心)

校　　对：李　雁　施丽娟

统　　稿：李　雁

前　言

气象观测是气象工作的基础，观测的质量直接影响气象预报服务的质量。近年来，气象观测正从规模型向质量效益型转变，观测网的代表性、观测数据的正确性、观测装备运行的稳定性、装备技术保障的及时性等直接决定中国综合气象观测的整体水平。中国气象局气象探测中心自2020年起开始筹划《中国气象观测质量报告(2020)》(以下简称《报告》)的编制工作，经过近一年的编撰，终于完成《报告》的编写工作，并权威发布。

《报告》以综合气象观测业务质量提升为主线，包含综合气象观测站网、观测数据质量评估、观测网运行质量、观测质量业务能力以及观测质量改进共五章，评估设备种类包含除卫星气象观测外，全国业务运行的新一代天气雷达观测网、风廓线雷达观测网、探空观测网、GNSS/MET观测网、雷电观测网、国家级地面气象观测网、自动土壤水分观测网和大气成分观测网共8类，覆盖6300多个观测站。《报告》的评估时段及数据来源为2020年度全国业务运行的“天衡天衍质控系统”和“综合气象观测业务运行信息化平台”。本《报告》是中国气象局气象探测中心落实中国气象局党组加强观测业务质量管理、强化数据质量控制，确保气象数据准确、权威、科学的具体举措，是中国气象探测强国建设的重要组成部分。

《报告》在编制过程中得到了中国气象局领导的指导和殷切关怀、中国气象局综合观测司领导的大力支持，以及各兄弟单位、各省(区、市)气象局和各设备生产厂家的有力配合，在此表示感谢！

由于时间紧迫，同时是首次开展该方面权威报告的编制工作，内容方面难免有纰漏和不当之处，敬请读者批评、指正。

编　者

2021年7月

摘　要

截至2020年底，我国业务运行的8类气象观测系统包括新一代天气雷达站216个、风廓线雷达站80个、探空站119个、GNSS/MET站700个、雷电站379个、国家级地面气象观测站2427个、土壤水分站2203个、大气成分站271个。距地高度1 km、2 km和3 km的新一代天气雷达探测覆盖范围分别占国土面积的29.0%、51.0%和60.0%。国家级地面气象观测站探测环境对观测结果造成实质性影响的次数达628站次，其中94.9%的探测环境变化源为近距离建筑物；全年共有63个台站迁站。

2020年，8类气象观测数据正确率均超过评估标准，除风廓线雷达和气溶胶质量浓度的数据正确率略有降低外，其余6类气象观测数据质量较2019年进一步改善，并维持在较高水平。新一代天气雷达数据正确率为98.9%，较2019年上升0.4%；天气雷达回波均一性总体较好，平均标准偏差为4.0 dB，SA同型号均一性最好；电磁干扰对新一代天气雷达数据质量影响相对较大，占雷达数据质量问题的91.9%。风廓线雷达数据正确率为93.0%，较2019年降低0.3%，主要由设备老化、数量增加引起；风廓线雷达探测水平风场和同址探空对比结果与国际水平(2.8 m/s)相当；风廓线雷达与GRAPES模式场对比一致性较好，水平风U、V分量标准差分别为3.2 m/s、3.0 m/s；由系统老化引起的风廓线雷达系统性能不达标问题占比最多(占18.1%)。探空观测数据质量整体稳中有升，数据正确率比WMOⅡ区协(亚洲)地区平均高4.9%，比全球平均高7.0%；新型探空仪位势高度、温度、湿度数据准确性较旧型探空仪均有所提升。GNSS/MET数据正确率较2019年提升13.0%；通过改进GNSS/MET观测数据解算算法，典型省份PWV观测与GRAPES模式背景场偏差减少2 mm以上，全国6 h和24 h降水预报ETS评分有所改善。雷电定位数据以四站定位居多(占59.7%)；影响雷电观测数据质量的问题主要为闪电信号处理和时间测量等工作状态检查异常(占71.5%)，设备运行性能有待改进。国家级地面气象站数据正确率与去年持平，全年均在99.0%以上；降水现象仪质控算法对雨夹雪、雪、冰雹、雨的捕获效果整体改善较好，错报率平均降低6.1%，空报率平均降低16.4%。土壤水分数据正确率稳步提升，DZN1型和DZN2型设备改进明显，土壤水分数据质量问题主要由设备故障或性能下降、传感器标定漂移和土壤水文物理常数漂移引起，土壤水分站与SMAP卫星具有较好的总体一致性，平均标准偏差均值为0.01 cm^3/cm^3。大气成分的气溶胶质量浓度、反应性气体、黑碳数据正确率分别为84.3%、80.3%和97.6%，均达到评估标准(≥80%)。

2020年，综合气象观测网中纳入考核的所有观测设备平均运行能力均超过中国气象局考核标准，并且维持在较高水平。全国观测网平均业务可用性均达标，绝大多数站点维护维修保障及时。新一代天气雷达故障以发射系统问题为主(占22.6%)。探空故障以天线装置、主控箱和驱动箱问题为主(均占 21.4%),全国探空仪合格率为 92.4%。雷电故障以供电系统问题为主(占 30.3%)。国家级地面气象观测故障以传感器问题为主(占 32.4%)。土壤水分故障以通信系统问题为主(占 46.4%)。大气成分观测中气溶胶质量浓度观测仪器故障以计算机、仪器主板、采集软件问题为主。仓储物资实现信息化管理,2020 年完成 31 个省(区、市)15181 条编码信息统一,库存信息共 8 大类 261199 件,全年共调拨国家级天气雷达备件 181 件,调拨国家级应急储备物资 58 件(套)。

天衡、天衍质控系统已业务化运行的质控评估算法共 39 种,新研发 21 种。综合气象观测数据质量控制系统、综合气象观测业务运行信息化平台是支撑综合气象观测质控、质量评估的重要业务系统和应用平台。

中国气象局已全面建成气象观测质量管理体系并通过 ISO 9001 认证。通过创新质量例会管理机制,实行观测质量改进。融合质量管理体系审核与观测业务检查,解决观测业务中的频发和难点问题。基于质量改进机制,整改多类多项质量问题。

目　录

第一章 综合气象观测站网

一、综合气象观测网布局

截至2020年年底，我国已基本建成布局科学、技术先进、功能完善、质量稳健、效益显著、管理高效的综合气象观测系统，整体实力达到同期国际先进水平，气象观测站网设计布局工作进入世界领先行列，为气象现代化整体水平提升提供了强有力的基础支撑。我国现有气象观测业务系统包含8万余套、340余种型号装备，经过全国观测自动化业务部署，全部观测装备实现自动化，开展涵盖地面、高空、海洋等领域的100多项观测项目，每日观测数据量超过15 TB，是全球规模最大的气象观测系统之一，基本满足天气预报、防灾减灾及气候变化评估需求。2020年3月，国家级地面气象观测站顺利切换为自动化运行，标志着地面气象观测自动化改革取得圆满成功，我国正式迈入地面气象观测全面自动化时代，气象现代化建设取得重大进展。本报告涉及的观测业务系统包括新一代天气雷达观测网、风廓线雷达观测网、探空观测网、GNSS/MET观测网、雷电观测网、国家级地面气象观测网、土壤水分观测网、大气成分观测网，截至2020年底各观测网具体站点数见表1.1。

表1.1 评估观测站数量

观测网	站点数量(个)
新一代天气雷达观测网	216
风廓线雷达观测网	80
探空观测网	119
GNSS/MET 观测网	700
雷电观测网	379
国家级地面气象观测网	2427
土壤水分观测网	2203
大气成分观测网	271

1. 新一代天气雷达观测网

我国业务运行考核的新一代天气雷达共216部(图1.1)，其中升级为双偏振功能的有65部。设备型号有S波段和C波段两个波段，S波段天气雷达主要布设在我国沿海和多强降水的地区，包括SA、SB、SC和WSR-88D共4种型号；C波段天气雷达主要布设在我国强对流天气发生和活动频繁、经济比较发达的中部地区，包括CA、CB、CC、CD共4种型号。距离雷达站地面1 km高度的探测覆盖范围占国土面积的29.0%，2 km高度占51.0%，3 km高度占60.0%。

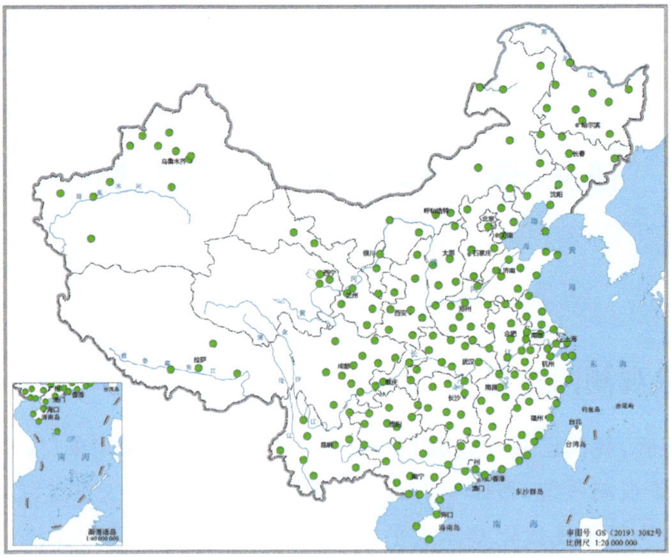

图 1.1　全国新一代天气雷达站网布局

2. 风廓线雷达观测网

我国业务运行考核的风廓线雷达 80 部(图 1.2)。主要分布在三大经济区,即京津冀、长三角、珠三角地区平均站距 50～100 km,局部 20～50 km。其中广东、浙江、江苏、山东、河北平均站距 100～200 km,局部 50～100 km。设备型号以边界层和对流层探测高度为主,主要分为 3 km 型、6～8 km 型、12 km 型。

图 1.2　全国风廓线雷达观测站网布局

3. 探空观测网

我国业务运行考核的探空站 119 个(图 1.3),站网间距在 300 km 左右。探空雷达全部采用南京大桥机器有限公司生产的 L 波段二次测风雷达，探空仪采用南京大桥机器有限公司 GTS11 型探空仪（旧型号为 GTS1-2）、上海长望气象科技股份有限公司 GTS12 型探空仪（旧型号为 GTS1）、太原无线电一厂 GTS13 型探空仪（旧型号为 GTS1-1）。

图 1.3　全国探空观测站网布局

4. GNSS/MET 观测网

我国业务运行考核的 GNSS/MET 站点 700 个（含外部门站，图 1.4），东部地区平均站距为 50～100 km，西部地区平均站距为 300 km 以上。设备型号有 TRIMBLE（天宝）、LEICA（莱卡）、TPS LEGACY（拓普康）、RVMETS（敏视达）共 4 种型号，以 TRIMBLE 和 LEICA 两种型号设备为主。

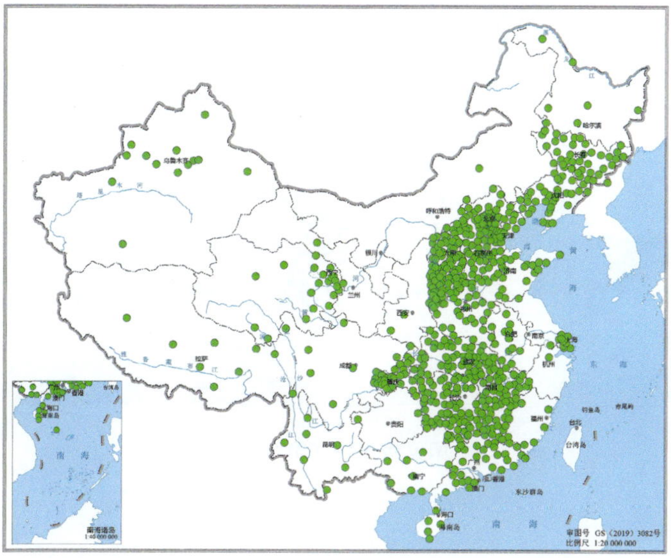

图 1.4　全国 GNSS/MET 站网布局

5. 雷电观测网

我国业务运行考核的雷电观测站有 379 个(图 1.5),基本覆盖了我国内陆区域,平均站点密度约 0.44 个/万 km^2。我国东部、南部等雷电多发区域的站点间距多在 100～150 km,中部、西部和北部等区域多在 150～200 km,但仍有部分区域站点间距超过 200 km。设备型号为 ADTD 型闪电定位仪,探测云地闪,工作在 VLF/LF 频段,采用多站测向和时差联合定位技术。

图 1.5　全国雷电观测站网布局

图 1.6　国家级地面气象观测站网布局

6. 地面观测网

我国业务运行考核的国家级地面气象观测站 2427 个(图 1.6),平均站间距约为 65 km。设备型号有 CAWS3000 型、DZZ1-2 型、DZZ1-2N 型、DZZ3 型、DZZ4 型、DZZ5 型、DZZ6 型、

ZQZ-B 型共 8 种，其中 CAWS3000 型主要分布在西藏、四川、福建等；DZZ1-2 型和 DZZ1-2N 型主要分布在广东；DZZ3 型主要分布在安徽；DZZ4 型主要分布在内蒙古、新疆、青海、河北、陕西、山西、河南、山东、西藏、云南、湖北、湖南、贵州、江西、江苏、上海、浙江、海南等；DZZ5 型主要分布在内蒙古、黑龙江、新疆、山西、宁夏、陕西、河南、辽宁、北京、河北、天津、山东、西藏、四川、云南、湖北、重庆、广西、福建、甘肃、吉林、江西等；ZQZ-B 型主要分布在浙江。

7. 土壤水分观测网

我国业务运行考核的自动土壤水分站 2203 个（图 1.7），覆盖各主要气候区、土壤类型和生态下垫面。所用设备含 DZN1、DZN2 和 DZN3 共 3 种型号；DZN1 型采用驻波率法频域反射，DZN2 和 DZN3 型采用电容法频域反射。

图 1.7　全国土壤水分观测站网布局

8. 大气成分观测网

我国业务运行考核的各类大气成分观测站共 271 个（图 1.8）。其中，开展气溶胶质量浓度观测的站点 253 个，开展黑碳观测的站点 50 个，开展反应性气体观测的站点 66 个。气溶胶质量浓度设备型号 7 种，分别为 LGH 系列、TEOM1405、TEOM1400A、SHARP5030、MP101、GRIMM180 和 BPM-200，其中 LGH 系列和 BPM-200 为国产设备；黑碳设备型号 2 种，分别为 AE31 和 AE33，均为进口设备；反应性气体设备型号 3 种，分别为 TE 系列、EC 系列和 AQMS 系列，其中 AQMS 系列是国产设备。

二、地面台站观测环境变化

中国气象局气象观测台站气象探测环境变化的监管采用月报告制度。2020 年国家级地面自动气象站中共发生 2302 站次的探测环境变化事件，其中 47 个站的探测环境得到了改善，383 个站的探测环境有变化但未造成实质性影响，628 个站点的探测环境已经对观测造成了实质性影响，其余为符合规定的探测环境变化站点（图 1.9）。

图 1.8 全国大气成分观测站网布局

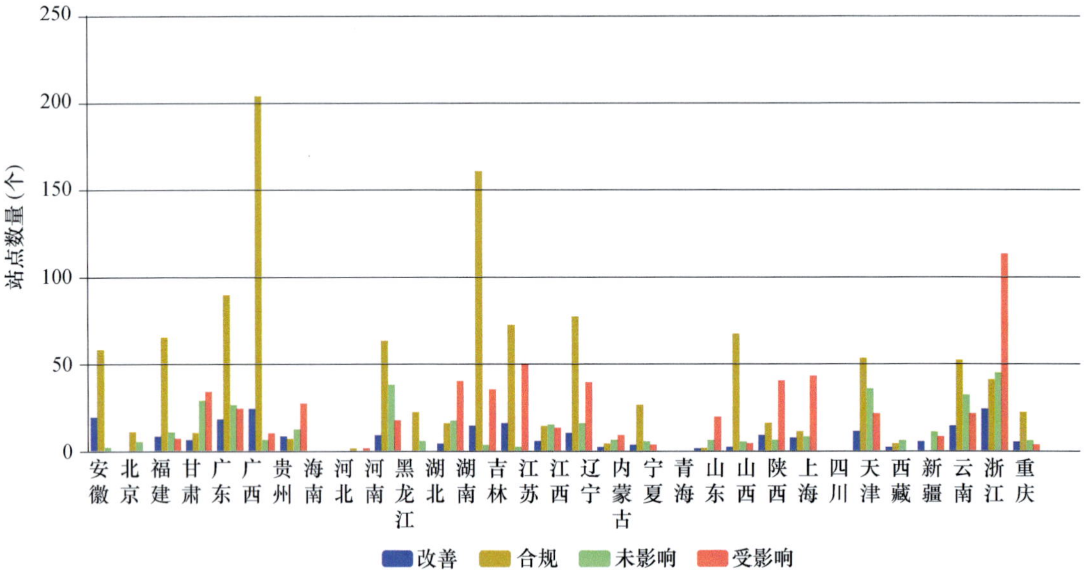

图 1.9 2020 年国家级地面气象站探测环境变化

受影响的 628 个站中,94.9%站点的探测环境变化源为内外部建筑物;全年共迁站 63 次(图 1.10)。探测环境变化和迁站较频繁地区均在中东部。

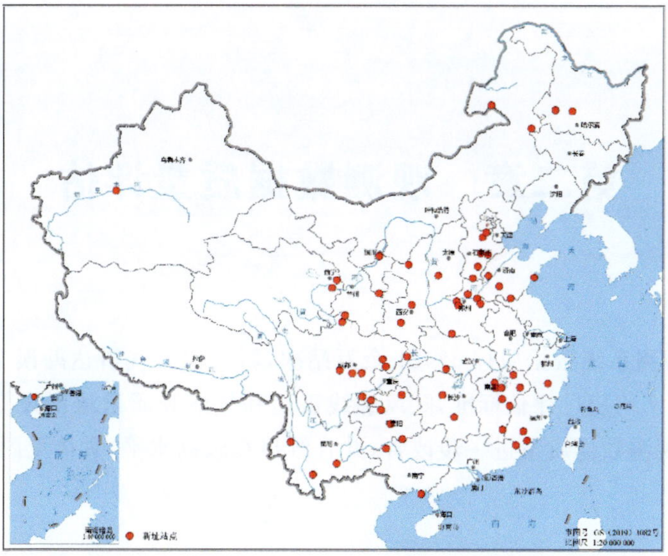

图 1.10 2020 年国家级地面气象站迁站分布

第二章　观测数据质量评估

2020 年 8 类观测系统数据质控 38421 余万站次，新一代天气雷达勘误 2251 次，观测数据质量整体数据正确率均超过评估标准，除风廓线雷达和气溶胶质量浓度设备数据正确率略有降低外，其他 6 类观测数据质量进一步改善，并且维持在较高水平，具体见图 2.1。

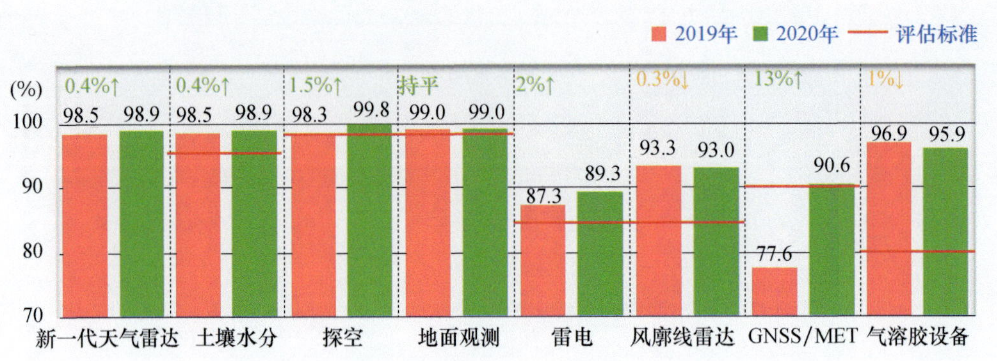

图 2.1　2020 年综合气象观测数据质量及与 2019 年的对比情况

一、新一代天气雷达

全国新一代天气雷达数据正确率较 2019 年上升 0.4%。2020 年全国新一代天气雷达观测数据正确率为 98.9%(图 2.2)，各月天气雷达观测数据正确率均达评估标准(90.0%)，其中 10 月最高，为 99.2%。

(1)全国新一代天气雷达回波均一性总体较好。2020 年对全国符合评估条件的 165 部天气雷达开展了雷达回波均一性评估。全国天气雷达均一性平均偏差为 2.3 dB，平均标准偏差为 4.0 dB，决定系数(R^2)为 0.7；114 部 S 波段天气雷达均一性平均偏差为 2.3 dB，标准偏差为 4.1 dB，决定系数(R^2)为 0.6；51 部 C 波段天气雷达均一性评估平均偏差为 3.4 dB，标准偏差为 4.7 dB，决定系数(R^2)为 0.5。在各型号雷达中，SA 雷达的均一性整体状况最好，平均偏差、标准偏差和决定系数(R^2)分别为 2.1 dB、4.0 dB 和 0.7(图 2.3)。

(2)全国 SA 同型号天气雷达的均一性整体状况最好。SA、SB、CA、CC 同型号天气雷达间回波标准偏差均在 4 dB 以内，CD、CB、SC 同型号天气雷达间回波标准偏差均大于 4 dB。SA 同型号天气雷达间平均最小偏差为 0.3 dB、决定系数(R^2)为 0.7(图 2.4)。

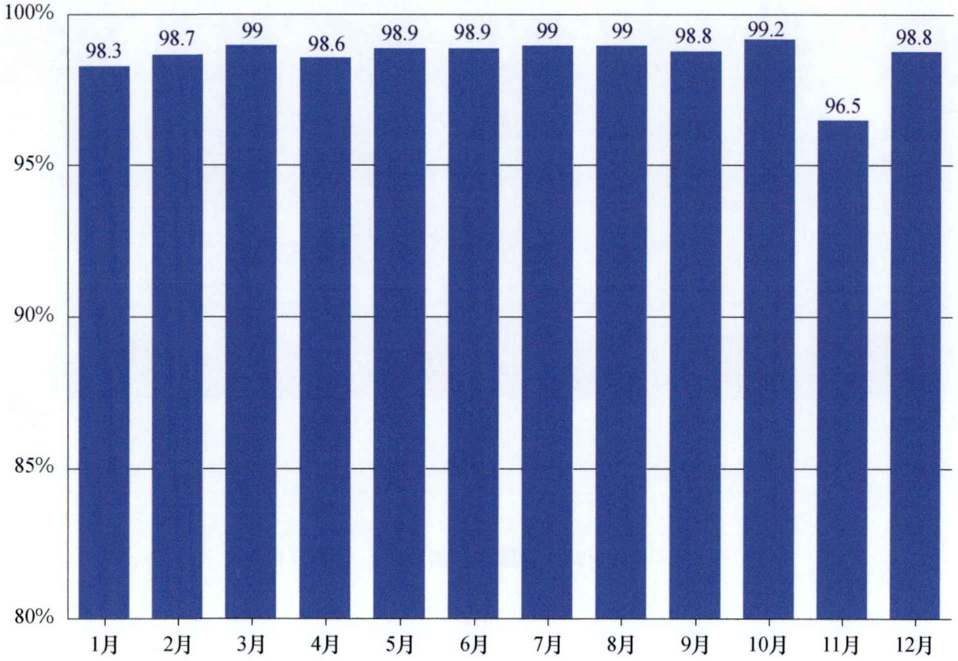

图 2.2　2020 年天气雷达观测数据正确率

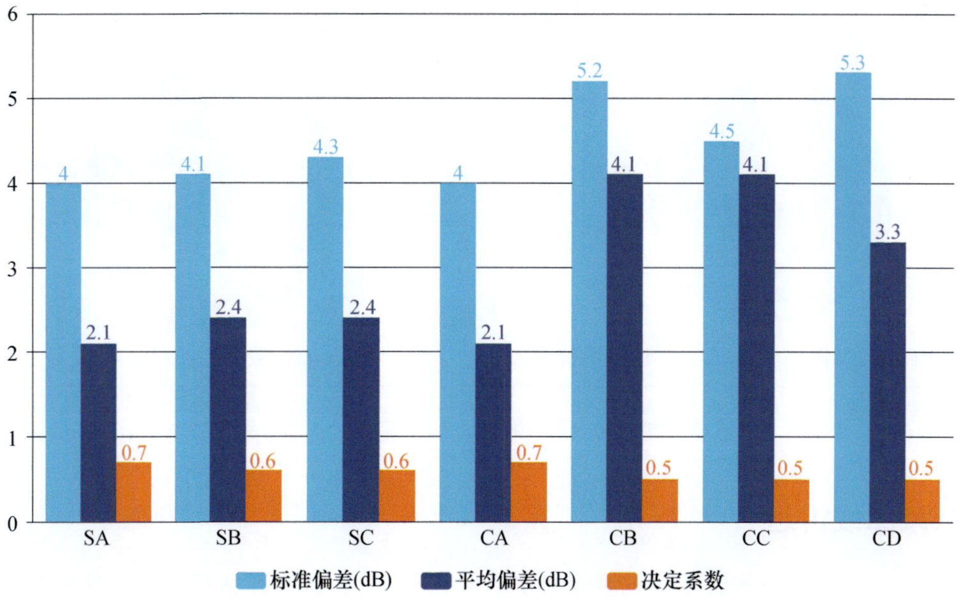

图 2.3　全国各型号天气雷达均一性评估结果

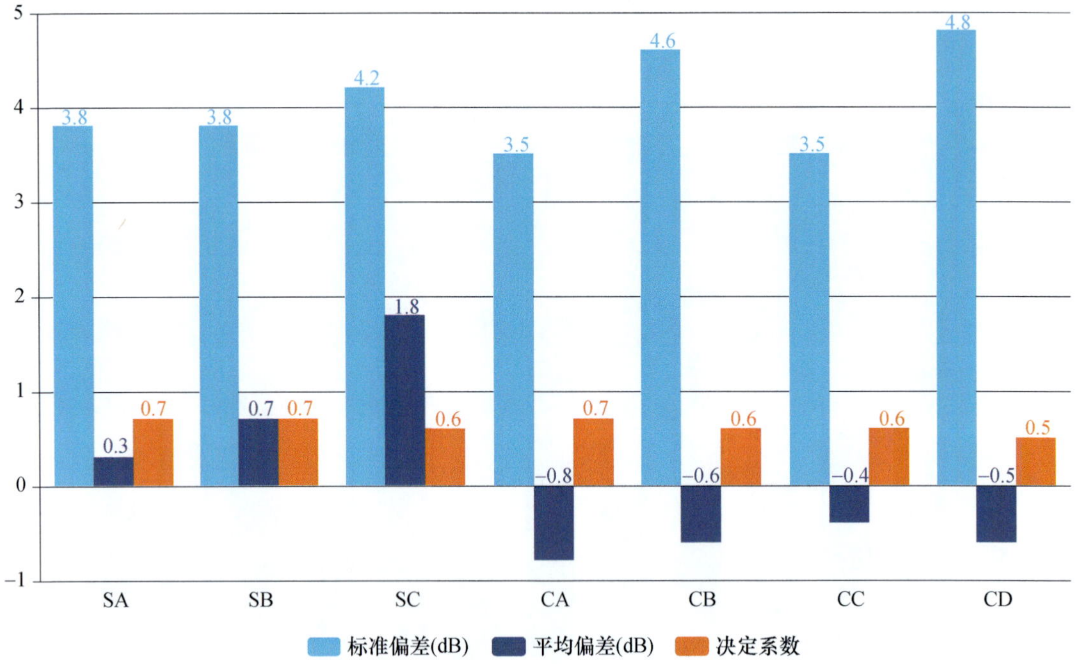

图 2.4　2020 年全国同型号天气雷达间回波均一性对比

(3)电磁干扰对新一代天气雷达数据质量影响相对较大。2020 年新一代天气雷达主要有 4 种数据质量问题,包括电磁干扰、地物回波,以及由设备异常、标定引起的非雷达观测回波、回波偏强(弱)。在出现的数据质量问题中,电磁干扰出现的频次较多,占全部数据质量问题的 91.9%,在 SA 和 CC 型号雷达中较突出,占比分别为 37.2%和 37.0%(图 2.5)。

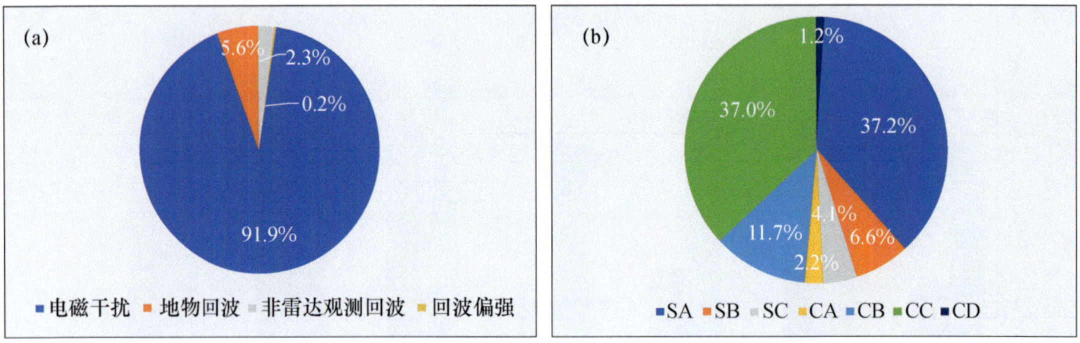

图 2.5　(a)2020 年全国天气雷达观测数据质量问题;(b)2020 年全国各型号天气雷达电磁干扰疑误数分布

二、风廓线雷达

2020 年全国考核风廓线雷达观测数据正确率为 93.0%,达到评估标准。各月风廓线雷达观测数据正确率均达评估标准(85.0%),其中 7 月最高为 95.9%,10 月最低为 90.6%;各型号风廓线雷达数据正确率差异不大;全年风廓线雷达数据正确率与 2019 年相比,略有下降(降低 0.3%),主要由于老化设备数量增加导致(图 2.6)。

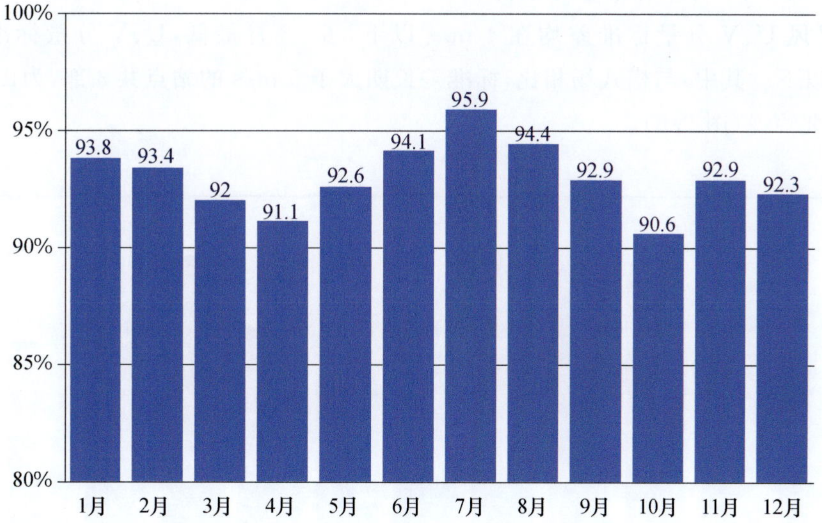

图 2.6　风廓线雷达逐月观测数据正确率

(1)风廓线雷达探测水平风场与同址探空对比结果与国际水平相当。2020 年全国业务考核风廓线雷达中共有 11 部与探空同址。将 2020 年 4—12 月同址风廓线雷达与探空水平风进行对比,结果表明,U 分量标准差为 2.9 m/s,V 分量标准差为 2.7 m/s,与国际水平(2.8 m/s)相当(图 2.7)。

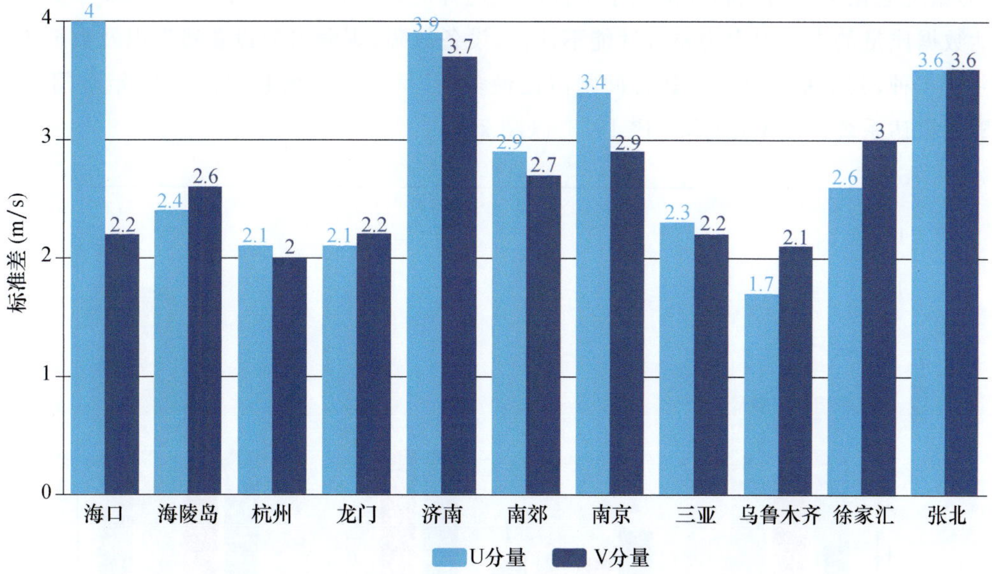

图 2.7　2020 年风廓线雷达与探空数据对比 U、V 分量标准差各站分布

(2)2020 年全国考核风廓线雷达与 GRAPES 模式场对比一致性较好。与 GRAPES 模式场相比，水平风 U、V 分量标准差分别为 3.2 m/s、3.0 m/s，总体上一致性较好。逐月对比结果显示，水平风 U、V 分量标准差均在 4 m/s 以下，6—8 月最低，U、V 分量标准差同时为 3.0 m/s 及以下。其中，与模式场相比，标准差长期大于 5 m/s 的站点共 3 部，为山东青岛、四川九龙和河北卢龙(图 2.8)。

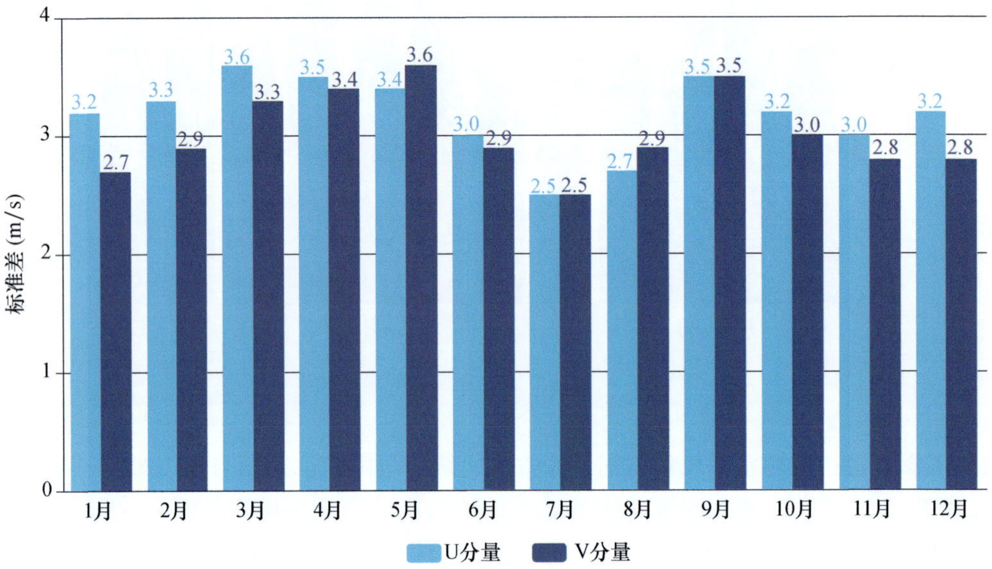

图 2.8　风廓线雷达与 GRAPES 数据对比 U、V 分量标准差逐月分布

(3)系统老化引起的风廓线雷达系统性能不达标问题占比最多。2017—2020 年影响风廓线雷达数据质量的主要因素为系统性能不达标、设备故障、观测参数设置错误以及数据不符合要求共计 4 种，其中系统性能不达标问题占比最多，且呈逐年递增趋势。2020 年全国考核 13 站风廓线雷达系统性能未达标，占比 16.3%(图 2.9)。

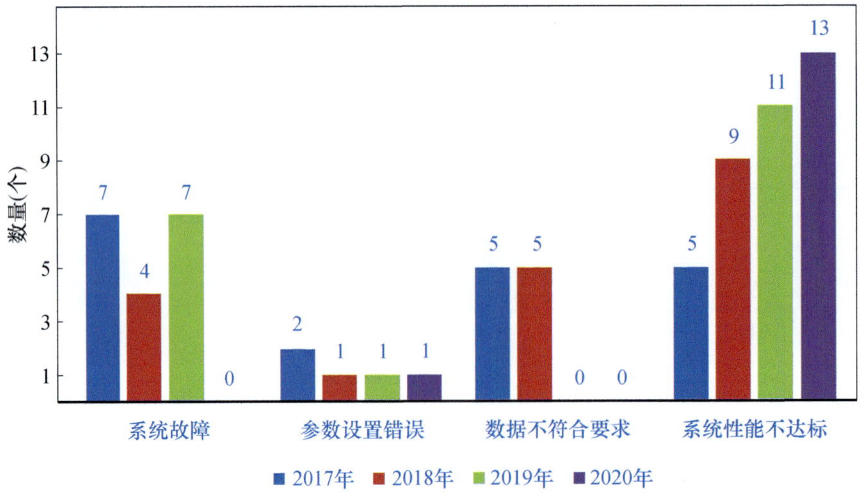

图 2.9　2017—2020 年风廓线雷达数据质量主要问题类型分布(站数)

三、探空

(1)我国探空观测数据整体质量稳中有升，高于Ⅱ区协(亚洲)和全球平均水平。2020 年全国探空站观测数据正确率达 99.8%，较 2019 年上升 1.5%。我国 89 个全球交换站正确率为 97.2%，比Ⅱ区协地区平均正确率高 4.9%，比全球平均正确率高 7.0%，与全球第一梯队相差 2.8%(图 2.10)。基于中国 GRAPES 业务模式背景场对比评估，我国 89 个全球交换站温度均方根误差 1.2 ℃，位势高度均方根误差 14.4 gpm，风向均方根误差 8.3°，风速均方根误差 2.9 m/s，除风速因雷达二次跟踪技术体制导致数据质量略低于Ⅱ区协平均水平(导航定位技术体制)，其他要素观测数据质量均高于Ⅱ区协和全球平均水平(图 2.11)。

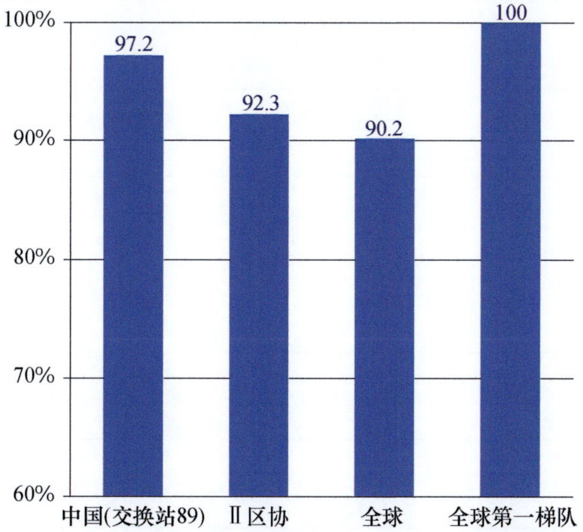

图 2.10　2020 年中国、Ⅱ区协、全球平均和全球第一梯队探空数据正确率

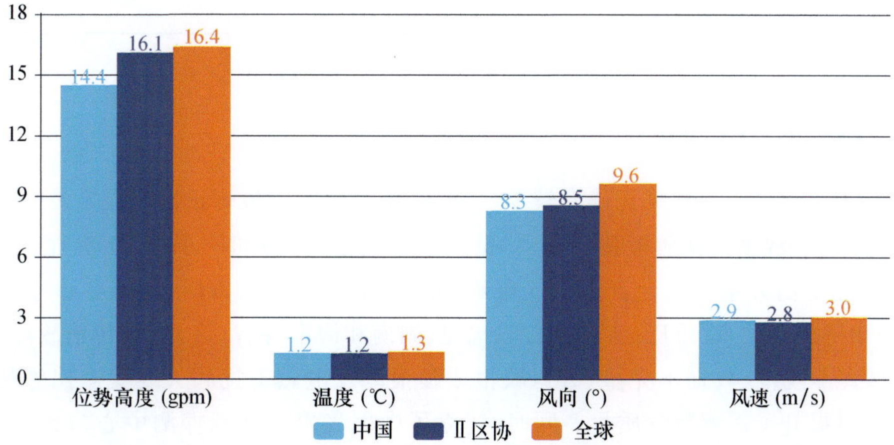

图 2.11　2020 年中国、Ⅱ区协和全球交换探空数据质量各要素情况

(2)新型探空仪位势高度、温度、湿度在高层探测精度方面优于旧型探空仪。平行比对期间新型探空仪位势高度、温度、湿度数据准确性较旧型探空仪均有所提升(表 2.1),除 1 月新型探空仪湿度平均偏差绝对值比旧型探空仪略高外(为 0.3%RH),新型探空仪位势高度、温度、湿度的平均偏差绝对值低于旧型探空仪(1 月、7 月位势高度低 3.1 gpm、10.2 gpm,温度低 0.1 ℃、0.2 ℃,7 月湿度低 2.0%RH),标准偏差低于旧型探空仪(位势高度低 7.8 gpm、13.6 gpm,温度低 0.2 ℃、0.4 ℃,湿度低 1.8%RH、1.7%RH)。

表 2.1 2020 年平行比对期间各要素质量对比情况

评估指标	时间	类型	位势高度(gpm)	温度(℃)	湿度(%RH)
平均偏差	1 月	旧	−4.4	−0.2	3.1
		新	1.3	0.1	3.4
	7 月	旧	−17.0	−0.2	7.0
		新	−6.8	0	5.0
标准偏差	1 月	旧	19.1	1.5	14.3
		新	11.3	1.3	12.5
	7 月	旧	25.9	1.5	14.3
		新	12.3	1.1	12.6

四、GNSS/MET

(1)全国 GNSS/MET 数据正确率较 2019 年提升 13.0%。数据正确率提升是因为开展了全国 GNSS/MET 观测数据质量整改行动,整改涉及北京、上海和广东等 20 余省(市)500 余站(包括境外站老挝万象),联合省(市)气象局(湖南、重庆、福建、山西)跨部委诊断观测问题 10 余次,初步解决了北京、重庆、吉林、山东、福建、湖南和河南等省(市)数据传输故障,共解决观测数据格式不规范、数据不完整、数据缺报或延报以及电磁干扰和天线受遮挡等观测问题 500 余次,明显提升了观测数据质量。同时,建立了中国气象局气象探测中心与各省(区、市)相关人员稳定快速沟通、技术支持渠道,更好地保障观测数据质量。经观测数据质量整改后,TRIMBLE、LEICA、RVMETS 和 TPS LEGACY 型号设备对应的数据正确率分别为 93.1%、87.4%、91.9%和 75.9%(图 2.12)。

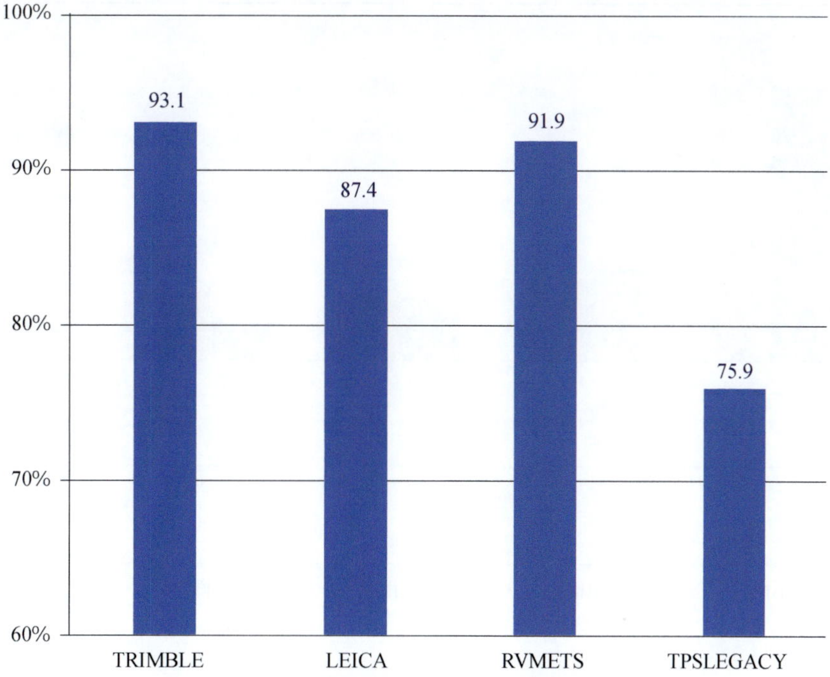

图 2.12 2020 年全国各型号 GNSS/MET 观测数据正确率

(2)通过改进 GNSS/MET 观测数据质量和业务产品解算算法，典型省份 PWV 观测与 GRAPES 模式背景场偏差减少 2 mm 以上，全国 6 h 和 24 h 降水预报 ETS 评分有所改善。中国气象局数值预报中心基于 GRAPES 区域模式的同化应用评估表明，水汽产品质量改进后，解决了华北和华中地区的部分台站观测偏湿问题，北京、天津、河北、山西、湖北、四川等省(市)的观测与 GRAPES 背景场的 PWV 偏差减少 2 mm 以上(图略)。以 ERA-Interim 资料作为参考场进行湿度场分析效果检验，PWV 资料同化明显改进了 850 hPa 湿度场分析精度，青藏高原东部和内蒙古西南部地区比湿分析均方根误差减小了 0.2～0.3 g/g，其他区域部分地区比湿分析均方根误差减小了 0.1 g/g 以上(图略)。PWV 资料同化对全国 6 h 和 24 h 的降水预报均有一定改进。全国 6 h 小雨预报和暴雨预报的 ETS 评分分别提高约 15%和 50%。全国 24 h 小雨、中雨、大雨和暴雨预报的 ETS 评分均有所提高，其中大雨预报效果相对改进最明显(图 2.13)。

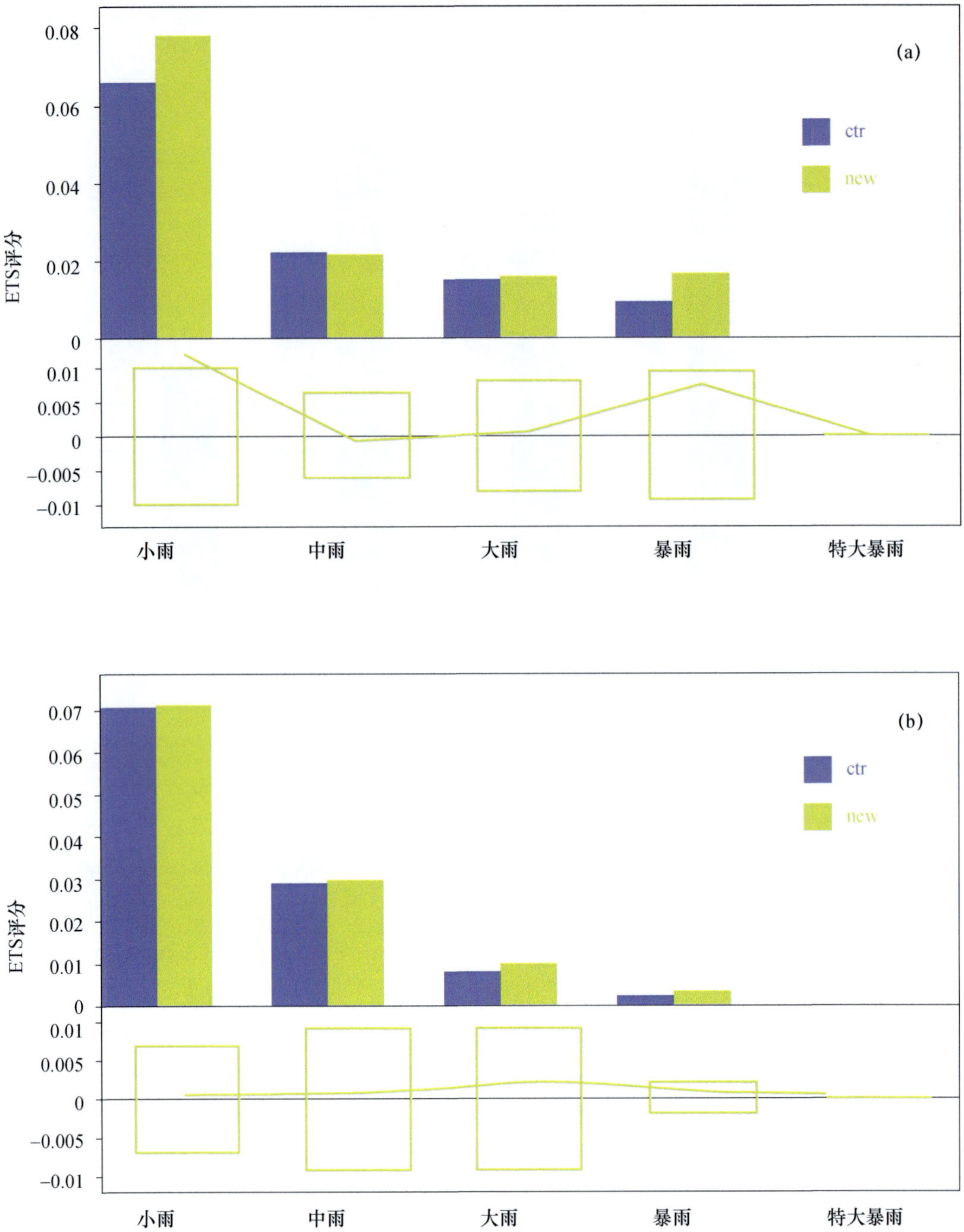

图 2.13　GNSS/MET 的 PWV 同化效果 ETS 评分(降水检验)

(a)6 h降水预报累加检验平均评分;(b)24 h降水预报累加检验平均评分

五、雷电

(1)雷电定位数据以四站定位最多(占 59.7%),数据质量更好。定位方式有两站、三站和四站 3 种,通常参与定位的站点数量可表征定位误差大小。2020 年以四站定位最多,占 59.7%,两站次之,占 23.4%,三站最少,占 16.9%。说明 2020 年雷电定位数据质量较为可信(图 2.14)。

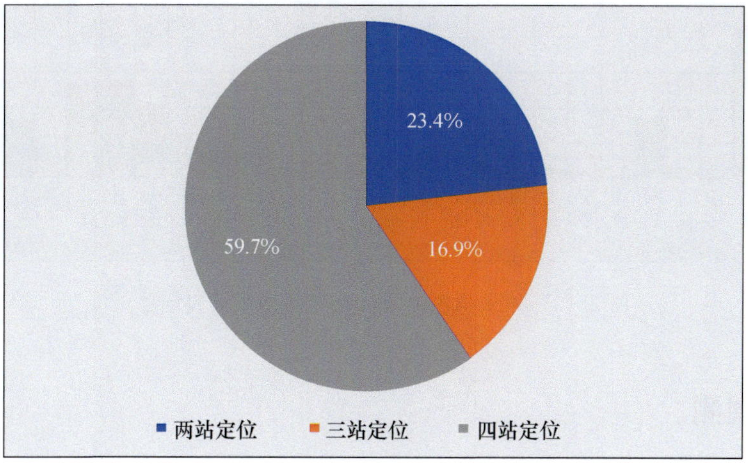

图 2.14　2020 年雷电定位数据的参与定位站点数(NSR)评估

(2)影响雷电设备数据质量问题以闪电信号处理和时间测量等工作状态检查异常为主(占 71.5%),设备运行性能有待改进。2020 年,全国雷电状态数据自检问题占 54.0%,晶振问题占 17.5%,表征设备信号处理、时间测量等出现了一定的问题,主要由部件老化、环境或自身干扰、设备或组件故障等引起(图 2.15、图 2.16)。

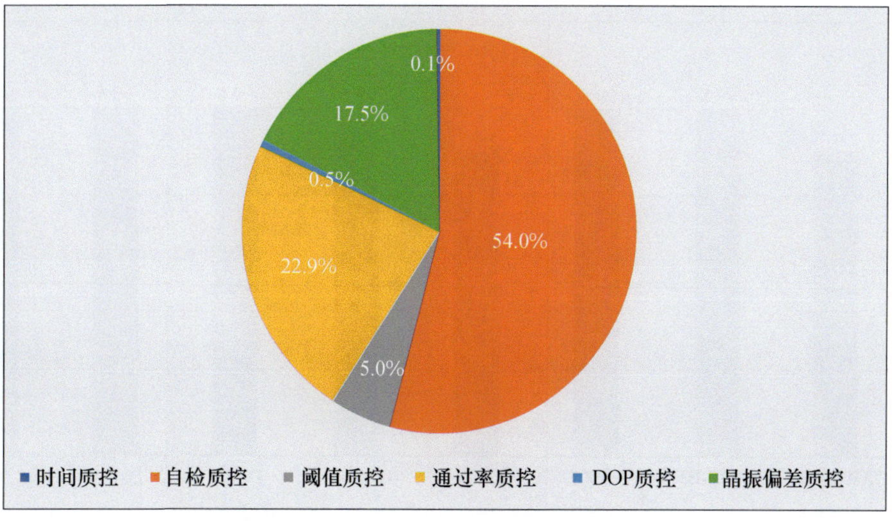

图 2.15　2020 年全国雷电数据质量问题

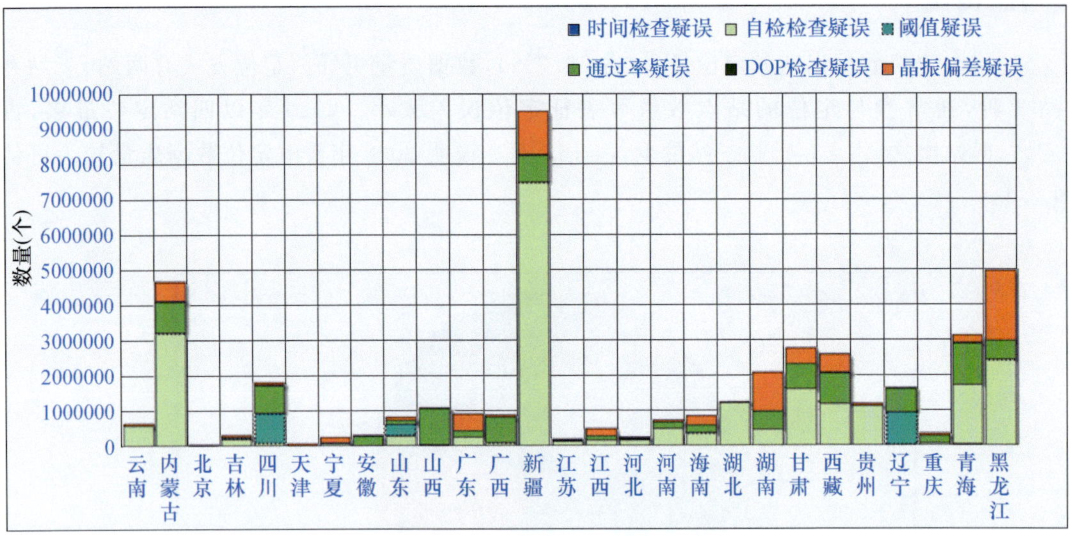

图 2.16　2020 年各省(区、市)雷电数据质量问题

六、地面观测

(1)国家级地面气象观测站观测数据正确率与 2019 年持平,全年均在 99.0%以上,均达到评估标准。DZZ1-2 型、DZZ1-2N 型、DZZ3 型、DZZ4 型、DZZ5 型、ZQZ-B 型号数据正确率均为 99.8%,CAWS3000 型、DZZ6 型 2 种型号均为 99.7%(图 2.17)。在地面气象观测要素中,气压、小时最高气压、10 min 平均能见度、积雪深度、相对湿度五个要素出现数据质量可疑/错误的数量相对较多,分别占可疑/错误数据总量的 20.3%、16.0%、15.9%、16.5%和 7.1%(图 2.18)。

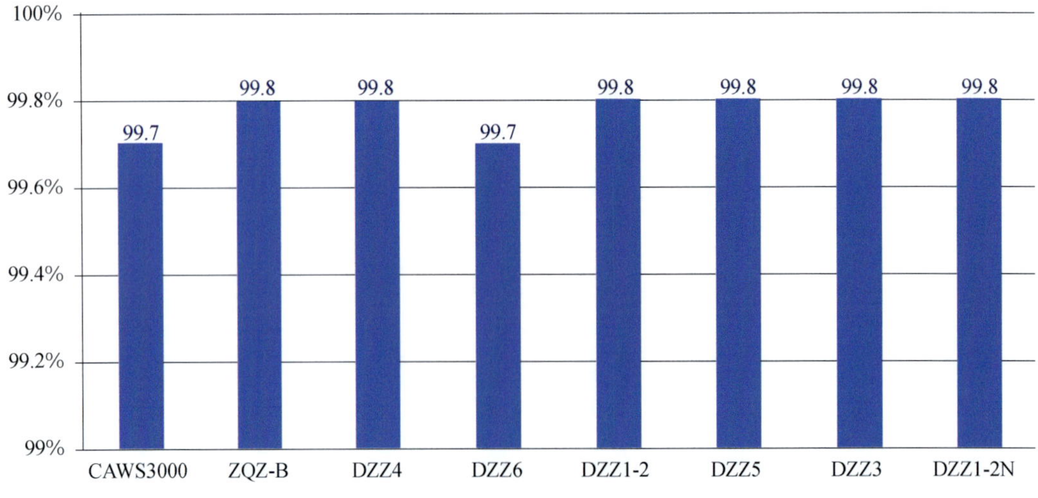

图 2.17　各型号地面气象观测站数据正确率

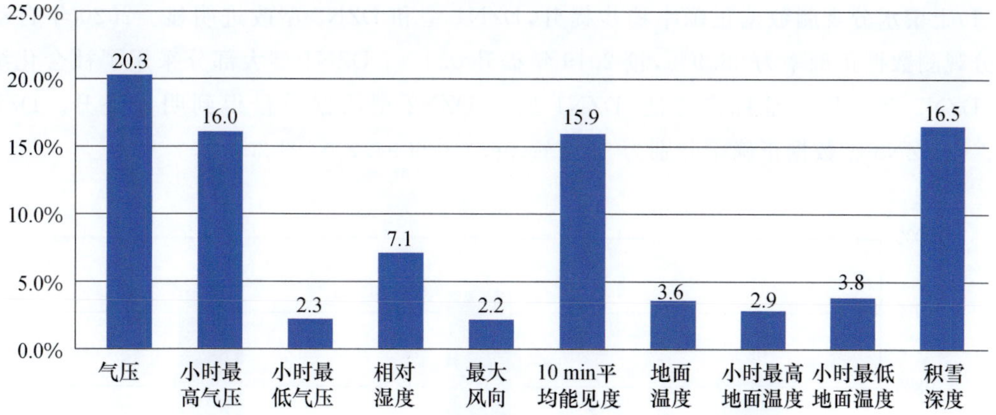

图 2.18　地面各类观测要素可疑/错误比例

(2)降水现象仪质控算法对雨夹雪、雪、冰雹、雨的整体捕获效果改善较好,错报率和空报情况均有所降低。针对国家级地面气象观测站开展降水现象仪自动观测的台站,开展人工与自动观测对比评估,包括毛毛雨、雨、雨夹雪、雪和冰雹 5 种降水现象。应用降水现象综合质控算法后,各型号降水现象仪针对错报、空报问题均有明显改善,错报率平均降低 6.1%,其中 DSG3 型错报率降幅最明显,为 12.6%;空报率平均降低 16.4%,其中 DSG5 型空报率降幅最明显,为 28.3%(图 2.19)。

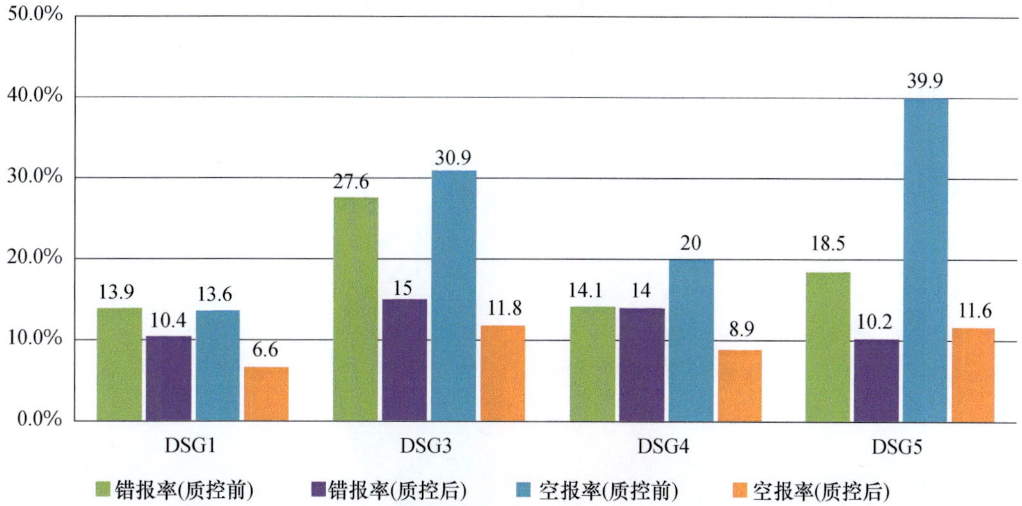

图 2.19　地面气象观测站数据质控后降水现象错报、空报改善情况

七、土壤水分

(1)土壤水分观测数据正确率稳步提升,DZN1 型和 DZN2 型改进明显。2020 年自动土壤水分观测数据正确率为 98.9%,较 2019 年提升 0.4%;DZN1 型大部分采用了社会化维护保障,DZN2 型采用原址标定方法,DZN1 型和 DZN2 型数据质量得到明显提升。DZN1、DZN2 和 DZN3 型数据正确率分别为 99.3%、99.3%和 98.2%(图 2.20)。

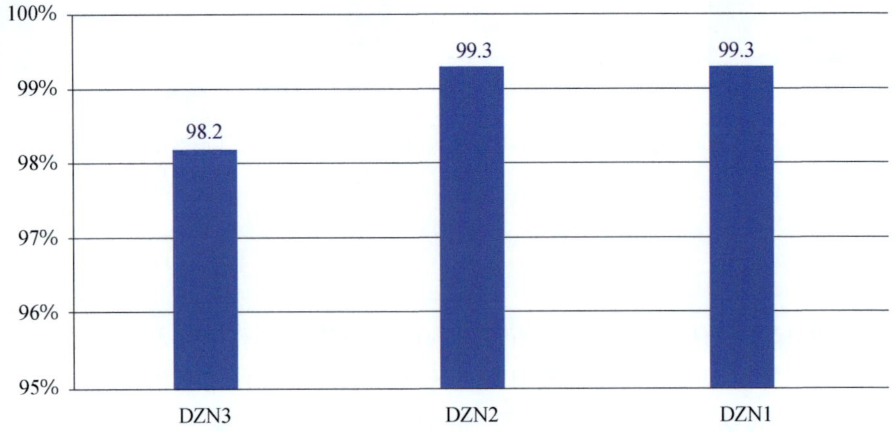

图 2.20　2020 年全国各型号自动土壤水分站数据正确率

(2)土壤水分数据质量问题主要由设备故障或性能下降、传感器标定漂移和土壤水文物理常数漂移引起。2020 年全国土壤水分数据质量问题,设备故障或性能下降占 48.7%(大部分设备运行超过 10 年以上),传感器标定参数漂移占 34.4%(当前设备须开展跨越干、湿两季标定,部分站点未按照规范开展标定),土壤水文物理常数漂移占 16.9%(常数须每 5 年测量一次,大部分站点超期未测量)(图 2.21)。

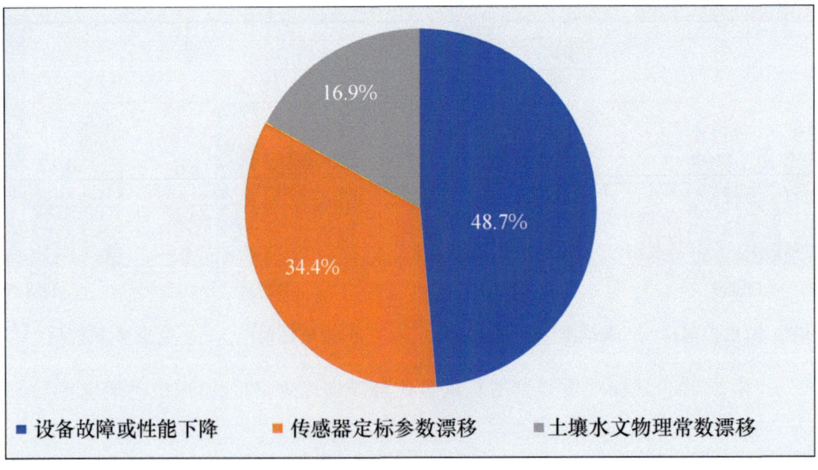

图 2.21　土壤水分观测数据质量问题分布

（3）自动土壤水分站与SMAP卫星总体上呈现较好的一致性。自动土壤水分站与SMAP卫星的平均偏差（*MD*）均值为0.01 cm^3/cm^3；部分站点偏差较大，如25%左右站点的*MD*绝对值大于0.1 cm^3/cm^3；自动土壤水分站与卫星的均方根误差（*RMSE*）及无偏均方根误差（*ubRMSE*）呈现为类似的分布，*RMSE*均值为0.1 cm^3/cm^3；*ubRMSE*均值为0.06 cm^3/cm^3；自动土壤水分站与卫星的相关系数（*R*）均值为0.51（图2.22）。

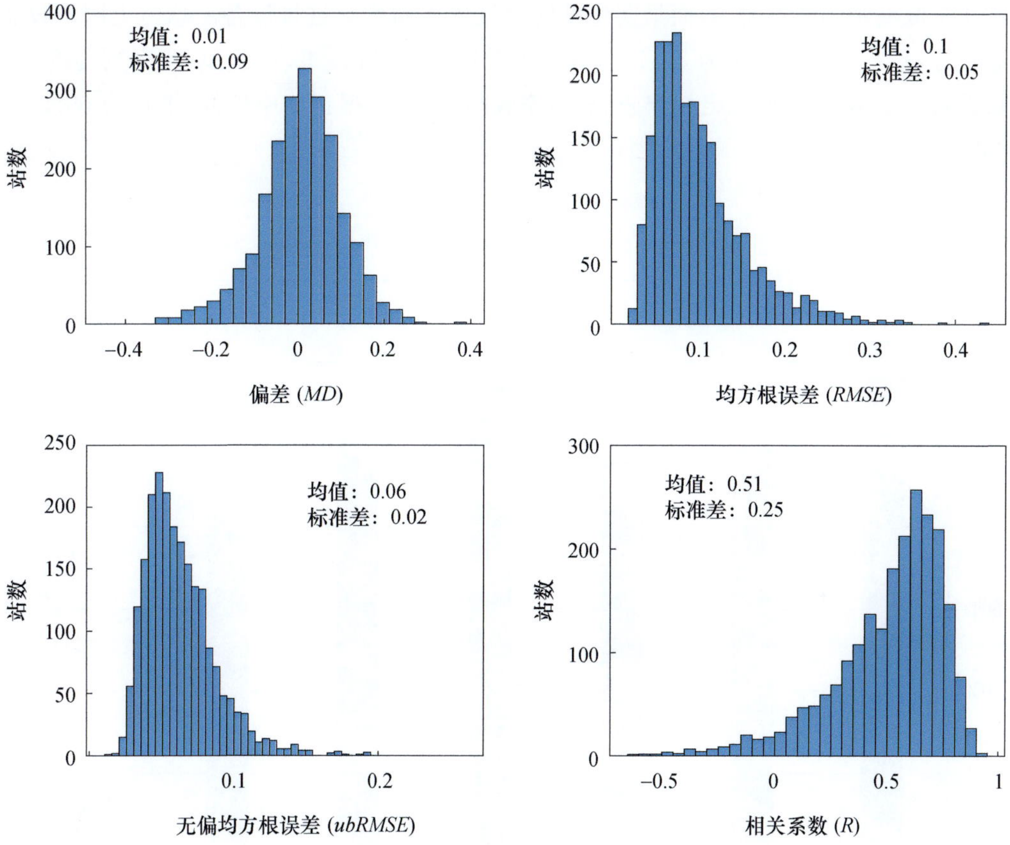

图2.22 自动土壤水分站与SMAP卫星一致性评估参数分布

（MD为正值代表自动土壤水分观测值大；MD为负值代表自动土壤水分站观测值小）

（4）在全国尺度上，自动土壤水分站与SMAP卫星数据的一致性受下垫面类型影响较大。例如，在我国中部农业区和西部干旱地区，由于卫星观测深度较浅，SMAP卫星相对自动土壤水分站总体偏低，特别是新疆、甘肃、宁夏等西部干旱省份偏低0.05 cm^3/cm^3左右；在我国南方、东北和西南地区等森林资源丰富的省份，由于卫星反演算法难以完全剔除地表植被因素影响，从而高估土壤水分含量，SMAP卫星总体上高于自动土壤水分站观测值，特别在黑龙江、江苏、安徽、浙江、江西和海南等省份SMAP偏高0.05 cm^3/cm^3以上。目前，我国自动土壤水分站缺少卫星真实性校验的0～5 cm深度层观测，且在森林资源丰富的站点布设过少。在下一代土壤水分网升级时，应着重加强土壤表层深度以及我国森林资源丰富地区的土壤水分地面观测，为卫星土壤水分产品的真实性检验和反演精度提升提供基础支撑。

八、大气成分

全国气溶胶质量浓度、反应性气体、黑碳观测数据正确率分别为84.3%、80.3%、97.6%，均达到评估标准(80.0%)。

气溶胶质量浓度设备中，国产设备数量占比接近三分之二，主要是在2013年以后建设的气溶胶质量浓度观测站点使用，而早期建设的大气成分站均为进口设备。总体上国产设备运行状态良好，平均数据正确率为89.7%，其中BPM-200系列为92.6%，LGH系列为86.8%；而进口设备由于运行时间长、老化严重、故障率较高，造成数据正确率偏低，平均为69.9%，见图2.23。

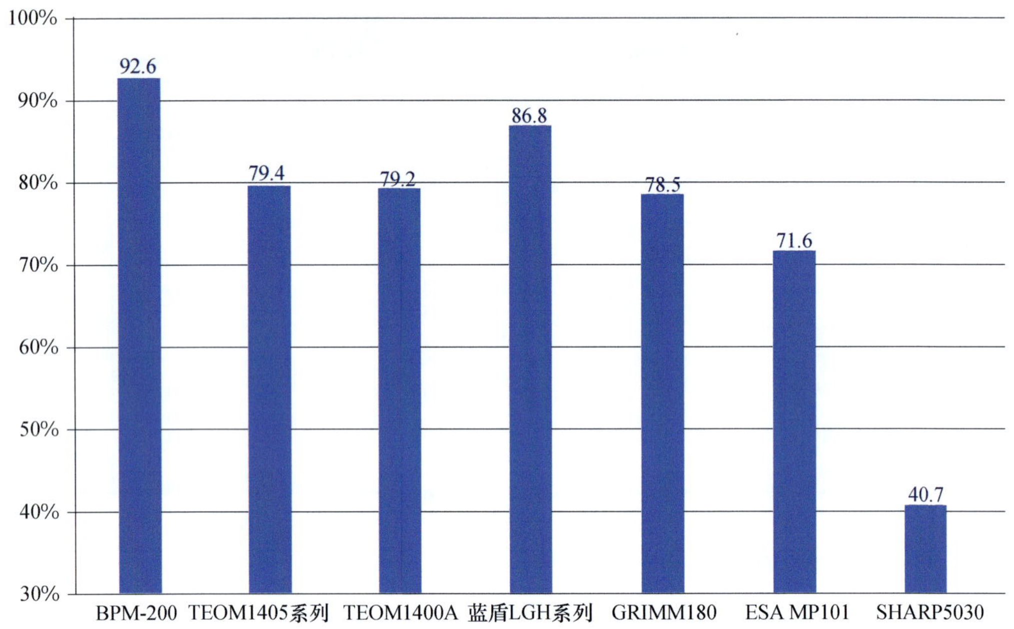

图2.23　不同类型气溶胶质量浓度观测设备数据正确率

黑碳观测设备只有AE31和AE33两种类型，均为进口设备，其数据正确率均为97.9%。

反应性气体观测包括对地面O_3、NO_X(NO_2、NO)、CO和SO_2等气体要素的观测，每个要素观测采用的仪器各不相同。台站反应性气体观测系统按不同要素测量仪器组合可分为15类，每类数据正确率统计情况如图2.24所示。台站采用TE49I仪器测量O_3单要素的数据正确率最高，达到97.5%，采用EC9841/TE43I/EC98410/TE48I、AQMS9000组合系统测量的反应性气体平均数据正确率也可以达到90.0%以上。

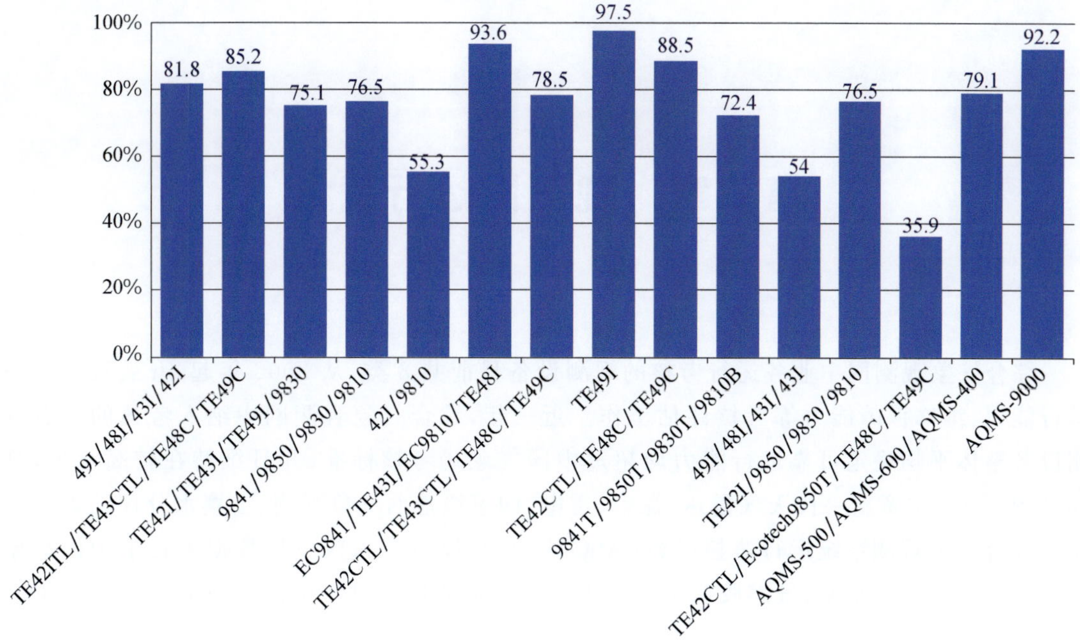

图 2.24　不同型号仪器组合系统测量的反应性气体数据正确率

第三章　观测网运行质量

综合气象观测网中业务运行考核的观测设备目前共 8 类，从 2006 年起，开展观测设备运行能力、维修保障能力等考核评估工作。近三年，综合气象观测网中纳入考核的所有观测设备整体平均稳定可靠运行能力均超过中国气象局考核标准，并且维持在较高水平，具体见图 3.1。本章新一代天气雷达、探空、雷电、国家级地面气象观测、土壤水分评估数据来自于综合气象观测系统运行监控平台（ASOM2.0 监控系统）；探空仪数据来自于中国气象局气象探测中心基地室；气溶胶质量浓度观测仪评估数据来自于中国气象局气象探测中心大气成分室。

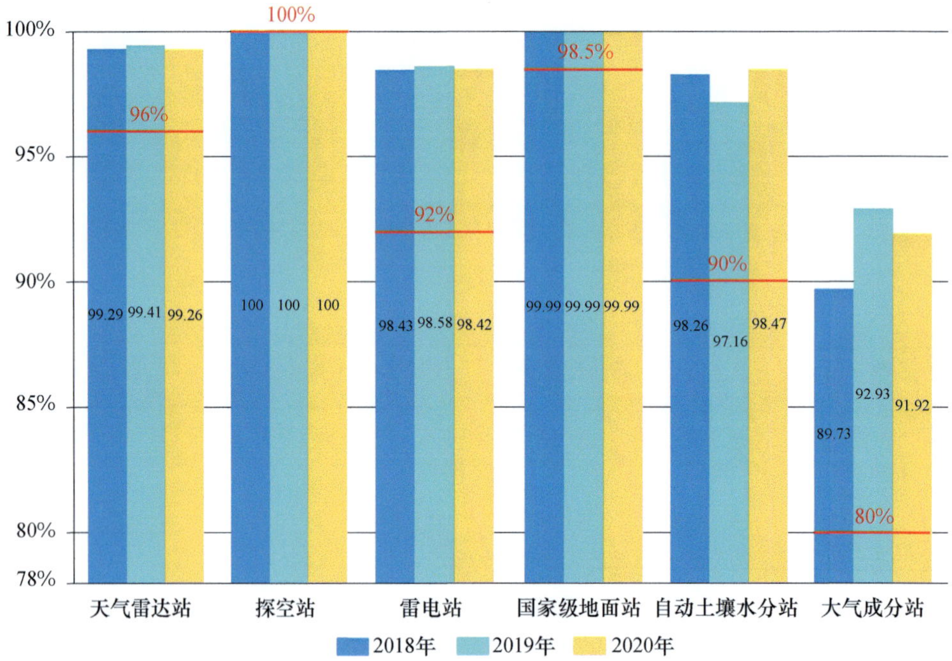

图 3.1　2018—2020 年综合气象观测网考核设备平均业务可用性

（风廓线雷达观测网和 GNSS/MET 观测网 2020 年未开展运行能力评估；大气成分观测网目前仅开展对气溶胶质量浓度观测仪的考核；沈阳探空站不考核）

一、整体运行情况

全国观测网平均业务可用性均达标。2020 年，全国新一代天气雷达观测网平均业务可用性 99.26%，比中国气象局考核标准高出 3.26%，处于高位稳定运行状态；各站全年平均实际运行时间 6826.22 h，各地区均达标；平均无故障工作时间为 2579.69 h，较 2019 年同期增长 157.17 h。探空观测网全部站点业务可用性均达到 100.00%，持续稳定运行。国家雷电观测网平均业务可用性为 98.42%，比中国气象局考核标准高出 6.42%。国家级地面气象观测网平均业务可用性为 99.99%，比中国气象局业务考核标准高出 1.49%。自动土壤水分观测网平均业务可用性为 98.47%，比中国气象局的考核标准高出 8.47%。大气成分观测网气溶胶质量浓度观测仪平均数据可用率为 91.92%，比中国气象局的考核标准高出 11.92%。

二、维护维修保障

全国观测网绝大多数站点维护维修保障及时。2020 年，全国新一代天气雷达观测网平均年维护持续时间 53.19 h，平均月维护持续时间 5.00 h，平均周维护持续时间 1.45 h，均符合维护时间业务规定；平均故障次数为 1.51 次，平均故障持续时间为 5.87 h；探空观测网平均故障次数为 0.23 次，平均故障持续时间为 20.40 h；雷电观测网平均故障次数为 0.88 次，平均故障持续时间为 34.88 h；国家级地面气象观测网平均故障次数为 1.46 次，平均故障持续时间为 13.56 h；自动土壤水分观测网平均故障次数为 0.61 次，平均故障持续时间为 34.44 h。除个别站点故障持续时间较长外，绝大多数故障站点均维修及时，确保观测设备稳定运行。具体见图 3.2。

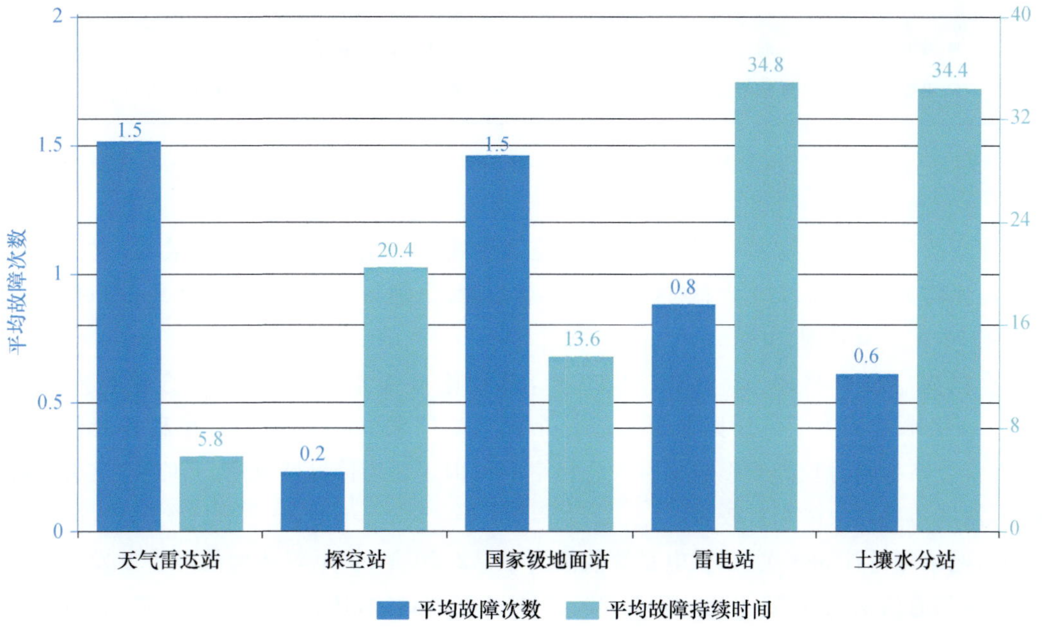

图 3.2 2020 年综合气象观测网考核设备平均故障次数及平均故障持续时间

（大气成分观测网 2020 年未开展平均故障次数及故障持续时间统计）

三、故障分析

(1)天气雷达故障总计319次,以发射系统为主。2020年全国新一代天气雷达观测网故障主要发生在发射系统、通信系统、伺服系统和天馈系统(占比分别为22.6%、16.6%、12.9%和9.4%),CA、CB、CC、SA、SC五种型号天气雷达平均故障持续时间均小于全国平均值5.87 h。CA型通信系统故障率较高,为36.36%;CB型终端系统故障率较高,为47.37%;CC型发射系统、通信系统故障率较高,分别为28.72%和27.66%;CD型发射系统、信号处理系统故障率较高,均为15.28%;SA型发射系统故障率较高,为22.68%;SB型伺服系统故障率较高,均为33.33%;SC型发射系统故障率较高,为40.00%。具体见图3.3。

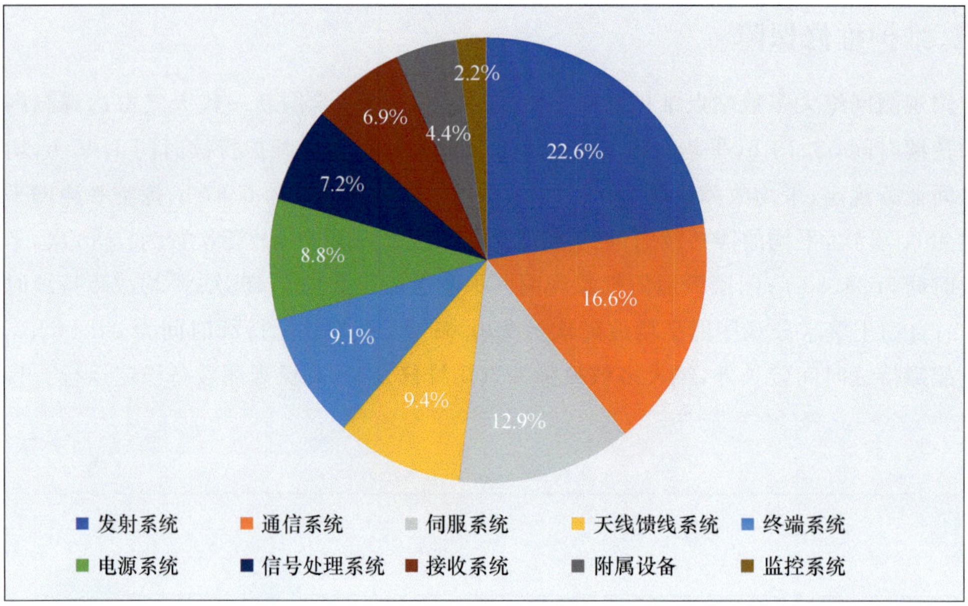

图3.3 2020年全国新一代天气雷达故障分布

(2)探空故障总计28次。2020年,全国探空观测网故障主要发生在天线装置、主控箱和驱动箱(占比均为21.4%),19个省(区、市)未发生故障,个别站点天线装置分系统故障持续时间较长(达72 h)。具体见图3.4。

(3)全国探空仪合格率92.36%。2020年,总计施放探空仪86286个,合格探空仪为79698个,合格率为92.36%(详见表3.1)。三个探空仪厂家中,上海长望气象科技股份有限公司探空仪合格率相对较高。影响探空仪合格率的原因主要为传感器故障、无信号/突失故障等,其中,温度传感器故障相对较多。

(4)雷电故障总计383次,以供电系统故障为主。2020年,雷电观测网故障主要发生在供电系统故障和通信系统故障(占比分别为30.29%和29.24%),还包括电子盒故障、天线系统故障等(图3.5)。

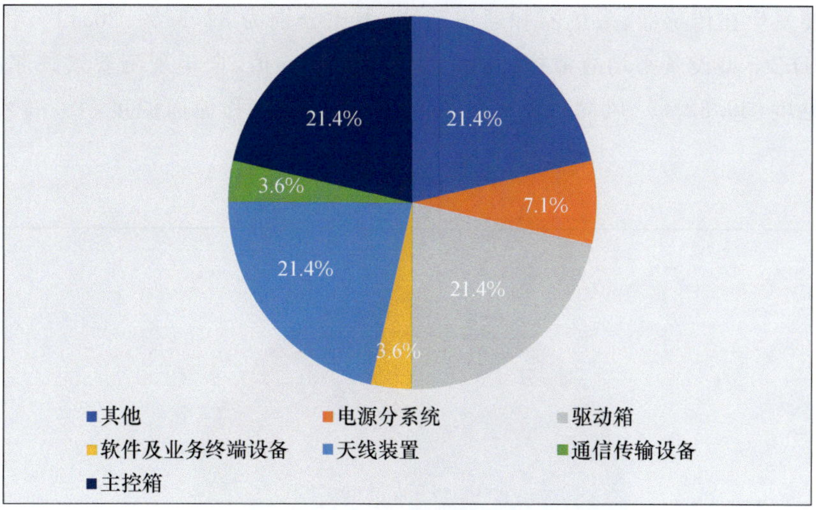

图 3.4 2020 年探空观测网故障分布

表 3.1 2020 年各厂家探空仪施放统计表

生产厂家	型号(规格)	施放数(次)	合格仪器(次)	合格率(%)
上海长望气象科技股份有限公司	GTS12	43537	40625	93.31
太原无线电一厂有限公司	GTS13	20527	18819	91.68
南京大桥机器有限公司	GTS11	22222	20254	91.14

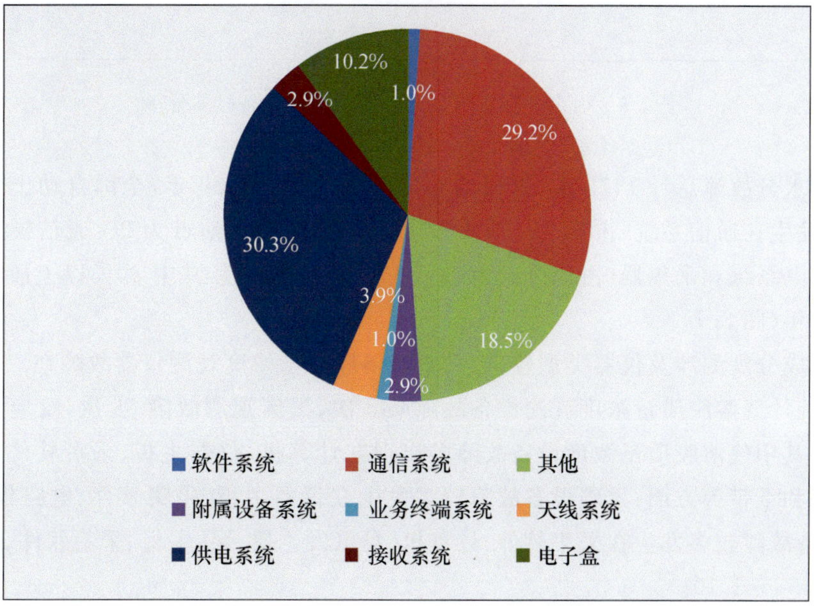

图 3.5 2020 年雷电观测网故障分布

(5)国家级地面观测故障总计3536次,以传感器故障为主。2020年,国家级地面气象观测网故障主要发生在传感器、采集器和通信系统(占比分别为32.35%、20.11%和17.79%),DZZ1-2N和DZZ5型设备平均故障持续时间小于全国平均值,全年观测要素缺测频次位居前四位的有能见度(39.82%)、风向(17.36%)、风速(11.86%)和地面温度(10.09%)。具体见图3.6。

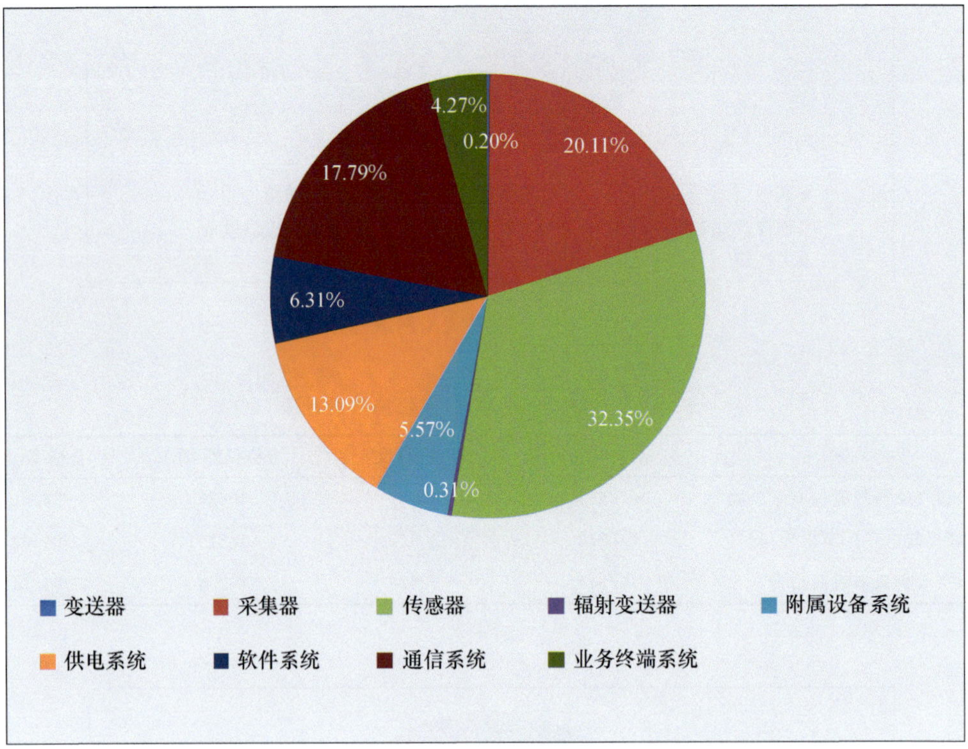

图3.6 2020年国家级地面气象观测网设备故障分布

(6)土壤水分故障总计1475次,以通信系统故障为主。2020年,全国自动土壤水分观测网故障主要发生在通信系统(占比46.61%),其中90%的问题站点为2G通信模块未升级站点;其次是供电系统和采集器(占比分别为19.29%和17.72%),其中80%以上故障站点建站时间超过10年(图3.7)。

(7)大气成分观测涉及仪器类型较多,其中气溶胶质量浓度观测仪器故障在三类设备中最明显。全年统计气溶胶质量浓度观测设备故障145次,黑碳观测故障58次,反应性气体观测故障35次。其中气溶胶质量浓度设备故障多出现在计算机、仪器主板、采集软件、传输网络、采样泵、管路和纸带等方面;黑碳设备故障较多发生在仪器主板、采集软件、电路板等方面;反应性气体设备故障较多发生在采集软件、计算机、臭氧发生器、泵、主板、采集软件、传输网络等方面。见图3.8~3.10。

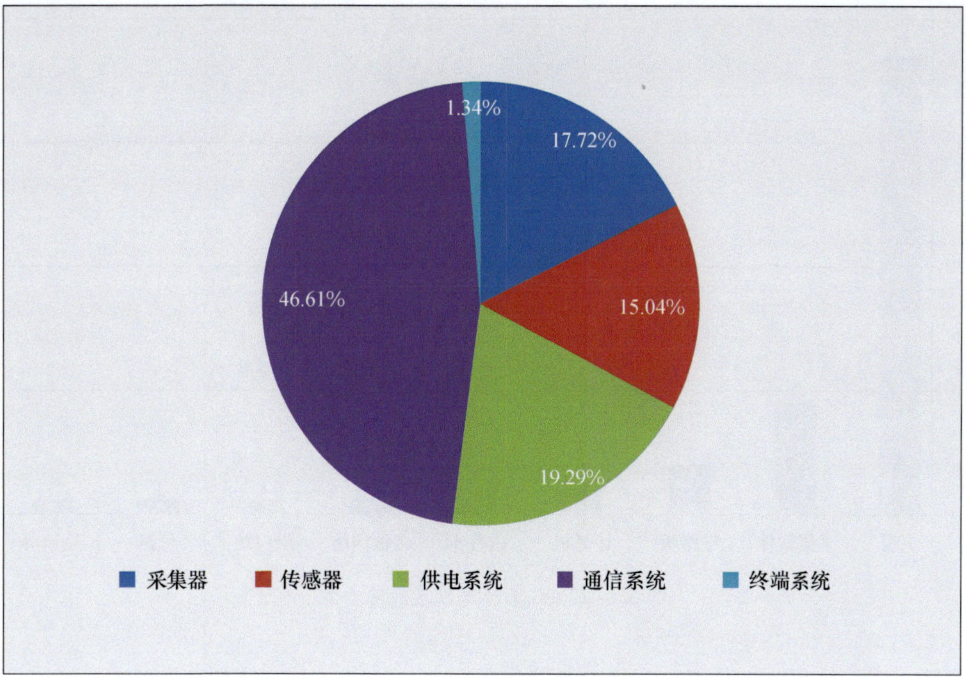

图 3.7 2020 年自动土壤水分观测网故障分布

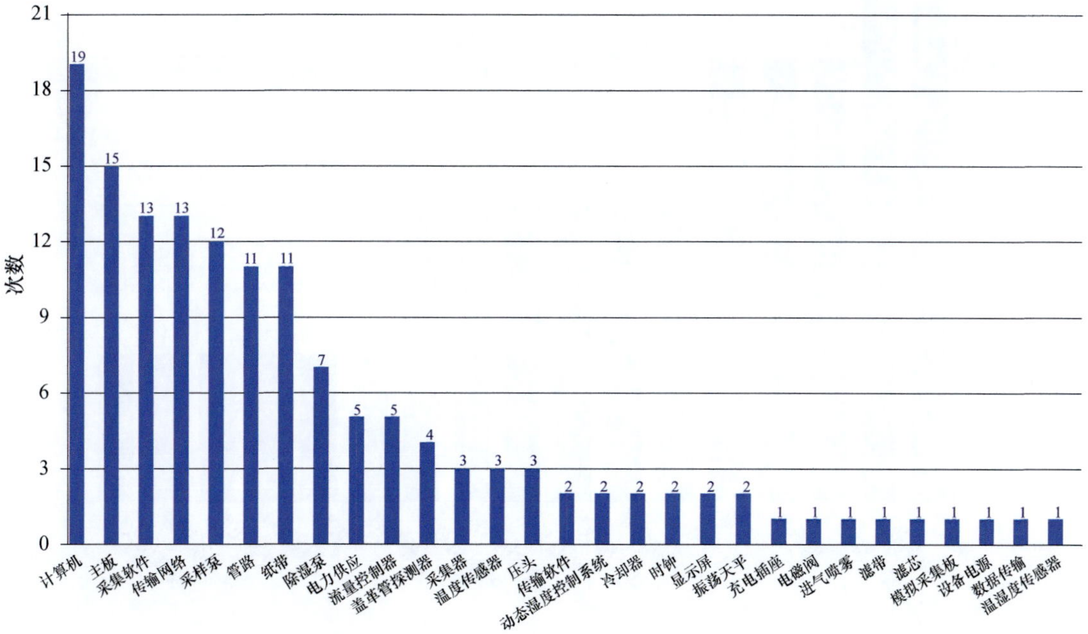

图 3.8 2020 年气溶胶质量浓度设备故障分布

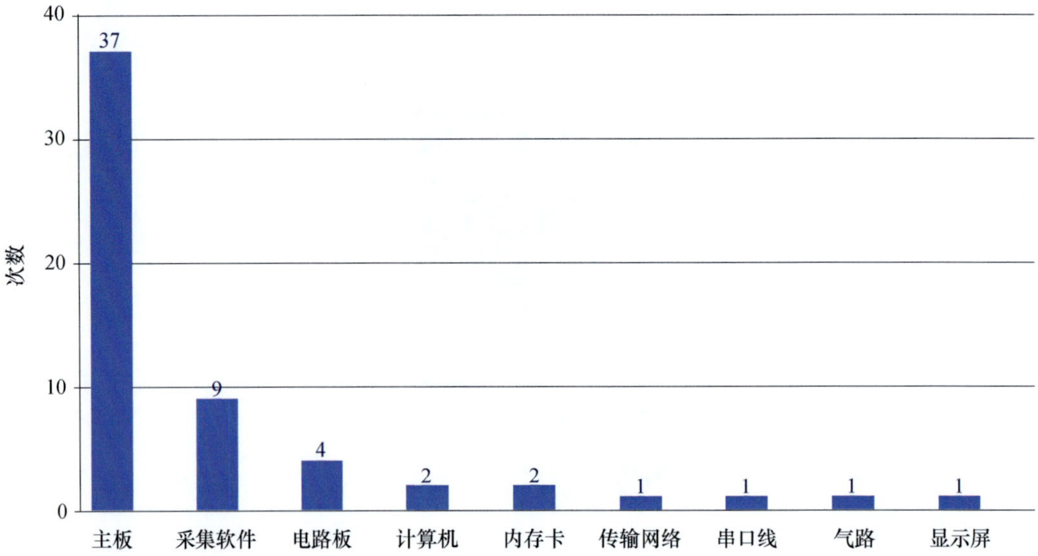

图 3.9　2020 年黑碳设备故障分布

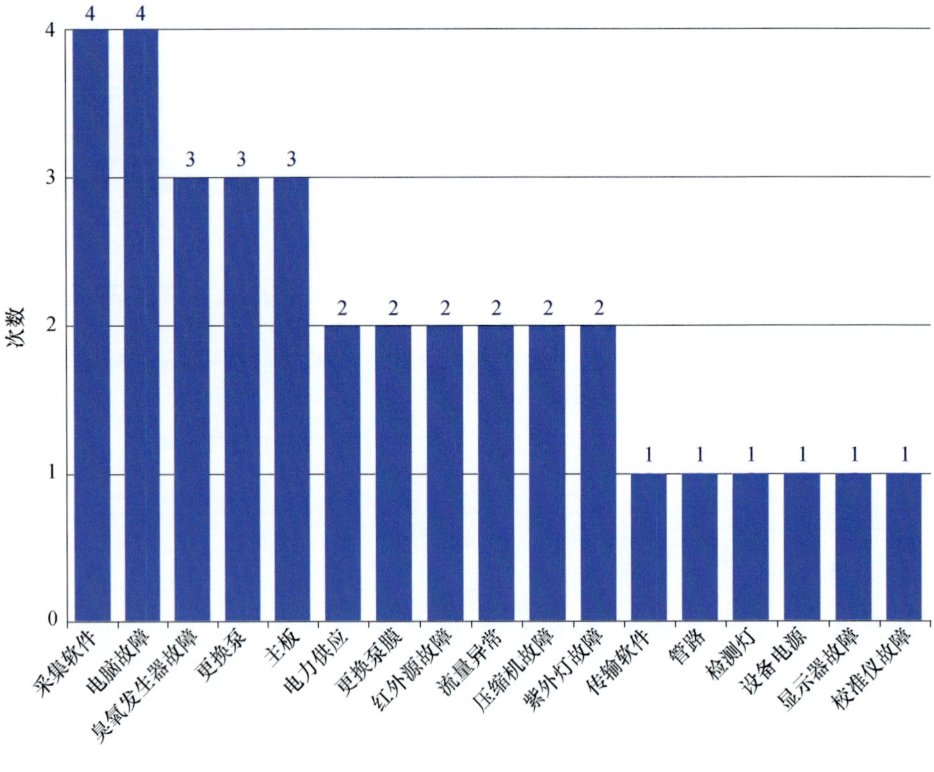

图 3.10　2020 年反应性气体设备故障分布

四、仓储供应

仓储物资信息化，物资调配反应快速，应急保障有力。2020 年，开展全国仓储物资信息化管理工作，持续推进综合气象观测业务运行信息化平台仓储管理系统建设和业务使用，合理计划国家级雷达备件、应急物资储备种类及数量，确保汛期全国物资调配反应快速、应急保障有力。利用技术手段解决各省（区、市）气象装备管理系统部分装备及备件编码存在重复、不统一问题，全年完成全国 31 省（区、市）15181 条编码信息统一，实现国、省级信息共享，实时掌握全国物资库存情况，截至 2020 年 12 月底，库存信息共 8 大类 261199 件。

全力做好汛期、重大气象灾害、重大活动保障的观测服务工作。时刻保持与应急响应区域各省（区、市）装备中心联动，及时对接雷达备件、应急物资等需求，提前调拨雷达备件到站，按需求调拨应急物资，第一时间支援应急响应区域，保障观测设备稳定运行。全年共调拨国家级雷达备件 181 件，调拨国家级应急储备物资 5 次 11 省，共计 58 件（套）。

第四章　观测质量业务能力

一、观测数据质量控制

截至2021年7月，综合气象观测数据质控和评估算法共计60种，其中天衡天衍质控系统已实现业务化39种(包括27种质控算法、12种评估算法)，新研21种(包括15种质控算法、6种评估算法)，具体算法信息见表4.1。

表4.1　八大类观测数据质控评估算法

算法类型	设备类型	算法种类	算法名称
质控算法(42种)业务化27种 新研15种	天气雷达	10种	故障坏图削除算法、电磁干扰消除算法、地物/超折射消除算法、海浪回波消除算法、晴空回波消除算法、噪声/孤立点回波消除算法、径向速度模糊退模糊算法、基于卫星资料的晴空回波消除算法、天气雷达质量标识及评估算法、双偏振雷达质控
	地面观测	2种	基于多源观测降水质控算法、积雪深度质控算法
	风廓线雷达	3种	基于风廓线雷达径向数据质控算法、风廓线雷达质量标识、风廓线雷达组网均一性质控算法
	GNSS/MET	3种	界限值检查、时间一致性检查、标准差检查
	雷电	3种	状态数据质控、回击数据质控、定位数据质控
	气溶胶质量浓度	1种	极值检查
	黑碳	3种	极值检查、三倍标准差检查、数据持续不变检查
	反应气体	1种	极值检查
	土壤水分	4种	体积含水量极值检查、突变检查、恒值检查、相对湿度极值检查
	雨滴谱	4种	粒子形状订正、前两通道粒子检查、直径—速度经验关系检查、粒子下落速度检查
	探空秒数据	8种	基本信息检查、气球移速检查、阈值检查、空间一致性检查、超绝热递减率检查、静力学检查、风切变检查、时间一致性检查
评估算法(18种)业务化12种 新研6种	天气雷达	2种	均一性评估算法、雷达与雨滴谱反射率一致性评估
	地面	5种	地面质量监视评估算法(气压、气温)、地面降水与实况分析场一致性评估、地面降水与雷达估测降水一致性评估、地面降水与雨滴谱一致性评估
	雷电	1种	雷电数据评估算法
	风廓线雷达	3种	风廓线雷达质量监视评估算法(U分量、V分量)、有效探测高度
	探空	6种	探空质量监视评估算法(位势高度、温度、网速、风向、相对湿度)、探空质量名单
	土壤水分	1种	土壤水分站与CLDAS一致性评估

注：业务化：39种；新增：21种。

二、综合气象观测数据质量控制系统

为提升综合气象观测系统质量和效益，中国气象局气象探测中心（以下简称“探测中心”）构建了以“两端控制（国家级和设备端）”“八类质控”为基本思路的数据质量保证体系（简称 2-8 架构）。2018 年，探测中心在中国气象观测质量管理体系的框架下，自主设计开发了综合气象观测数据质量控制系统（简称“天衡天衍质控系统”）。天衡天衍质控系统即国家级质控系统，基于“互联网＋”、“气象云”、Spark 集群计算和 Visual data 等技术，采用国家一级部署、国省市县四级应用架构，解决了现有不同观测设备质控系统分散缺失、时效滞后等瓶颈问题。该系统以探测中心专业创新团队十数年观测经验及业务技术为基础，充分发挥内外互联的合作优势，引进企事业单位、高校、科研院所的质控评估算法，并采用客观定量指标和多源检验对观测数据进行评估，实现新一代天气雷达、风廓线雷达、GNSS/MET、雷电、大气成分、土壤水分、地面、探空等八大类设备“分钟级”质控全覆盖，诊断勘误智能化，质量评估自动化，业务效率显著提升，为资料同化、气象预报预测、公众服务等提供高质量的基础观测数据。

该系统自 2018 年业务试运行以来，实现 39 种质控评估算法业务化，新研 21 种质控评估算法，以 2020 年为例，实时消除天气雷达基数据质量问题 550 万余时次，勘误量 2251 次，屏蔽 48 站，8 大类观测质控量 38421 余万站次，异常事件处理量 6418 次，联合国家、各省份及厂家第一时间发现实时观测运行问题 271 起，发现一批长期存在而没有解决的问题 178 站，天气雷达基数据正确率累计提升 6.9%，风廓线雷达正确率累计提升 12.8%，向数值预报中心等 5 家单位实时推送质控后产品。系统操作界面见图 4.1。

图 4.1　综合气象观测数据质量控制系统界面

三、综合气象观测业务运行信息化平台

综合气象观测业务运行信息化平台聚焦观测业务全流程管理信息化，基于质量管理体系理念和气象大数据云平台基础环境，集约建设集观测元数据管理、装备运行质量、观测数据质量等业务功能为一体的业务及管理信息化平台。平台于2021年1月1日全国业务运行，采用国家一级部署，国、省、市、县(站)四级应用方式，统一用户权限管理和数据源，保障了业务数据的一致性和权威性。平台横向覆盖综合观测全业务链条，纵向贯穿国、省、市、县(站)四级业务应用，实现了观测业务支撑一体化、观测站网信息权威管理、装备运行业务有机联动、远程在线维保技术支持、观测质量综合考核等(图4.2)。

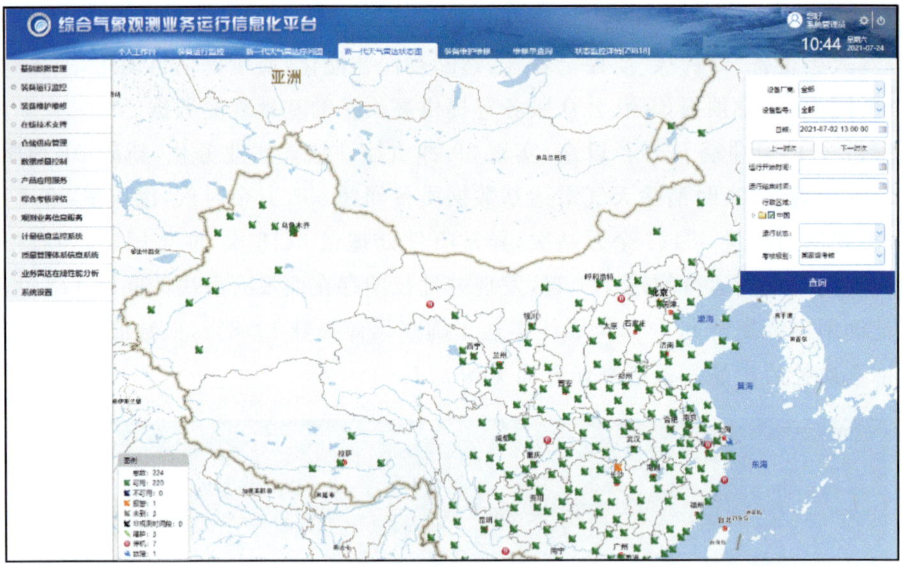

图4.2　综合气象观测业务运行信息化平台界面

第五章　观测质量改进

一、气象观测质量管理体系

（1）全面建成气象观测质量管理体系并通过 ISO 9001 认证。推进质量管理体系建设是中国气象局贯彻落实“质量强国”战略部署的重大举措。中国气象局自 2017 年起率先在气象观测领域开展质量管理体系建设，到 2020 年底，中国气象局气象观测质量管理体系全面取得 ISO 9001 认证证书（图 5.1、图 5.2）。这标志着中国的气象观测质量管理符合国际通用标准，实现了与国际水平接轨，中国气象观测数据质量在国际上的信任度和认可度得到进一步提升。

CQC
质量管理体系认证证书
证书编号：00119Q39889R0L/46500
兹证明
中国气象局
建立的质量管理体系符合标准：
GB/T 19001-2016 / ISO 9001:2015
通过认证范围如下：
中国质量认证中心

CQC
质量管理体系认证证书
证书编号：00119Q39889R0L/46500
中国气象局
（附件）
中国气象局分支机构
中国质量认证中心

图 5.1　中国气象局气象观测质量管理体系 ISO 9001 认证证书

图 5.2　中国气象局气象探测中心质量管理体系通过 ISO 9001 认证

(2)创新质量管理机制,实行质量改进责任制。积极落实中国气象局党组关于“做好气象观测质量管理体系的持续运行和不断改进”“推进观测质量管理体系不断完善和持续运行,加强体系与业务高度融合,促进体系效益全面发挥”的总体要求,中国气象局气象探测中心创新质量管理机制,确定质量首席为质量改进责任主体,并实行质量月度例会和质量首席实时业务值班制度,基于信息化手段实现了实时业务发现问题、质量例会确定问题、质量首席解决问题、实时业务评估效果和管理部门考核监督五大环节中实时业务与改进之间闭环运行(图 5.3、图 5.4),标志着探测中心从业务发现问题到研发团队解决问题、改进观测质量的创新型质量管理机制的诞生。

图 5.3　中国气象局气象探测中心质量例会

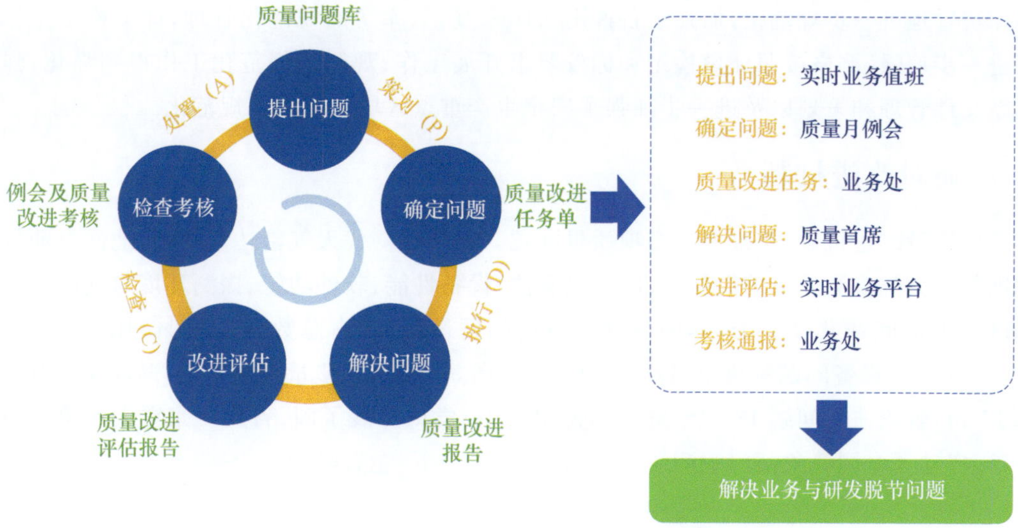

图 5.4 观测业务质量改进闭环运行机制

（3）融合质量管理体系审核与观测业务检查，解决观测业务频发和难点问题。内部审核和外部审核是气象观测质量管理体系持续运行并不断改进的重要手段，也是 ISO 9001 证书保持的必备环节。2020 年中国气象局与中国质量认证中心分别完成了对吉林、浙江、山东、广东、甘肃、宁夏 6 个省（区）气象局和综合观测司、中国气象局气象探测中心、国家卫星气象中心共 9 个单位的内审，以及江苏、湖北、北京、天津、河北、山西、湖南、广西、黑龙江、内蒙古、云南和西藏共 12 个省（区、市）气象局的外审，共分别对发现的 106 个和 99 个轻微不符合项完成了整改，平均整改个数分别为 11.8 个/认证单位和 8.3 个/认证单位。其中地面观测方面问题整改相对较明显（图 5.5），占 39.3%。

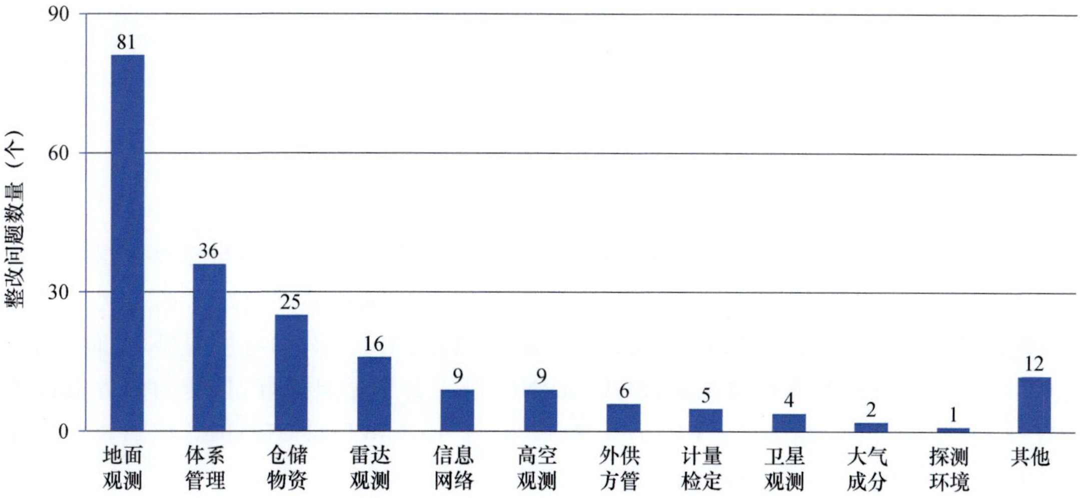

图 5.5 2020 年全国气象观测质量管理体系各业务类别整改情况统计

全年观测业务改进完善包括:观测装备维护维修基本到位,纠正了重执行、轻记录的现象;备件库房管理进一步规范化,加强了备件出入库未登记、库房的规范化管理;计量检定工作得到了进一步加强,严格按照计量检定和标校要求开展工作;观测场规范化工作得到强化;强化了体系文件管理和策划以及进一步加强了安全生产重点区域基础设施规范化。

二、质量改进机制

基于质量改进机制,整改多类多项质量问题。发现新一代天气雷达观测网、地面自动气象观测网等八大类观测业务的设备硬件、观测算法、设备性能、软件功能、探测环境与观测业务流程制度六方面问题共 209 个,其中制度规范类问题最明显,占总数的 46.4%(图 5.6),其中 GNSS/MET 类设备问题解决率最高,为 91.4%(图 5.7);召开质量例会 7 期,形成质量改进任务单 27 份,解决质量问题 133 个,解决率为 63.6%;尝试开展了国、省及厂家重大气象保障质量会诊,启动了全国气象部门观测质量会商,实现了上下、左右联动。

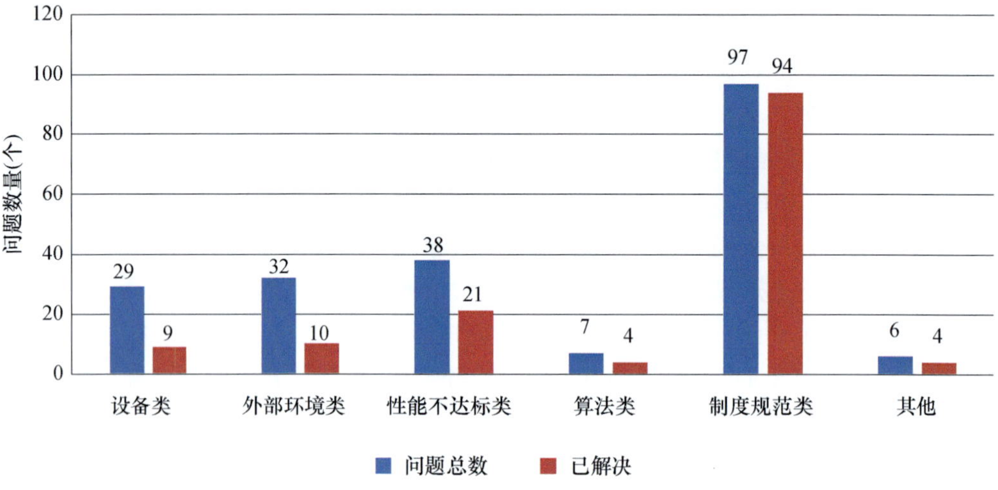

图 5.6　各类质量问题解决情况统计

三、典型应用案例

1. 雷达组合风场产品质控方法有效,改进后的产品质量可靠

将经中国气象局气象探测中心质量控制前后的组合风场产品分别与探空数据和模式数据进行比对评估(图 5.8)。结果显示,质控后的组合风场产品评估结果明显优于质控前的评估结果,均方根误差(*RMSE*)均进一步减小,相关系数(*R*)均有所提升;整体来看,质控后的组合风场产品与探空数据(SOUNDING)比对评估结果最好,风速的均方根误差(*RMSE*)为 3.65 m/s,相关系数(*R*)为 0.84,均优于 ECMWF 和 GRAPES 模式数据的评估结果。

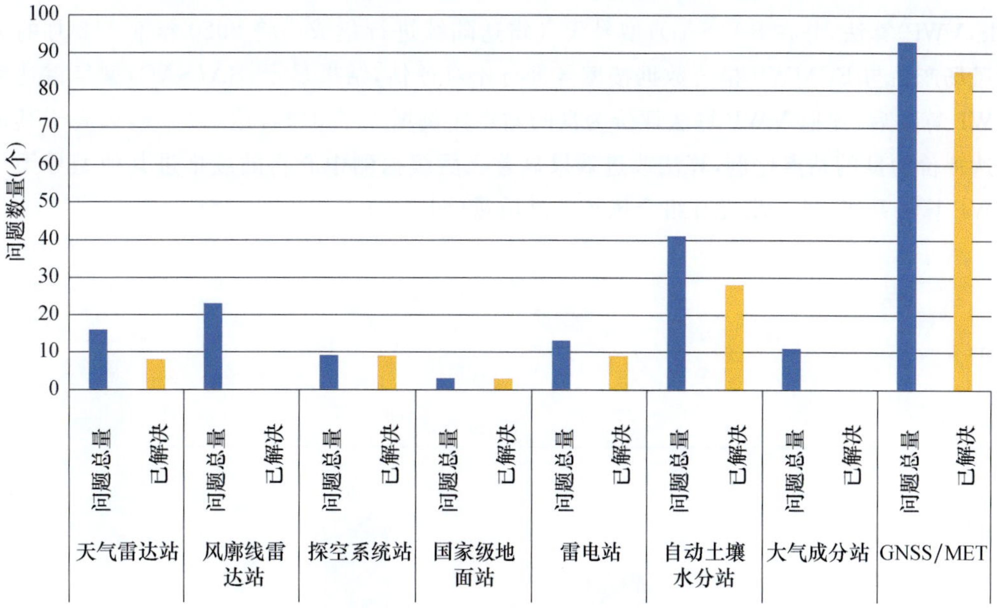

图 5.7 各设备质量问题解决情况统计

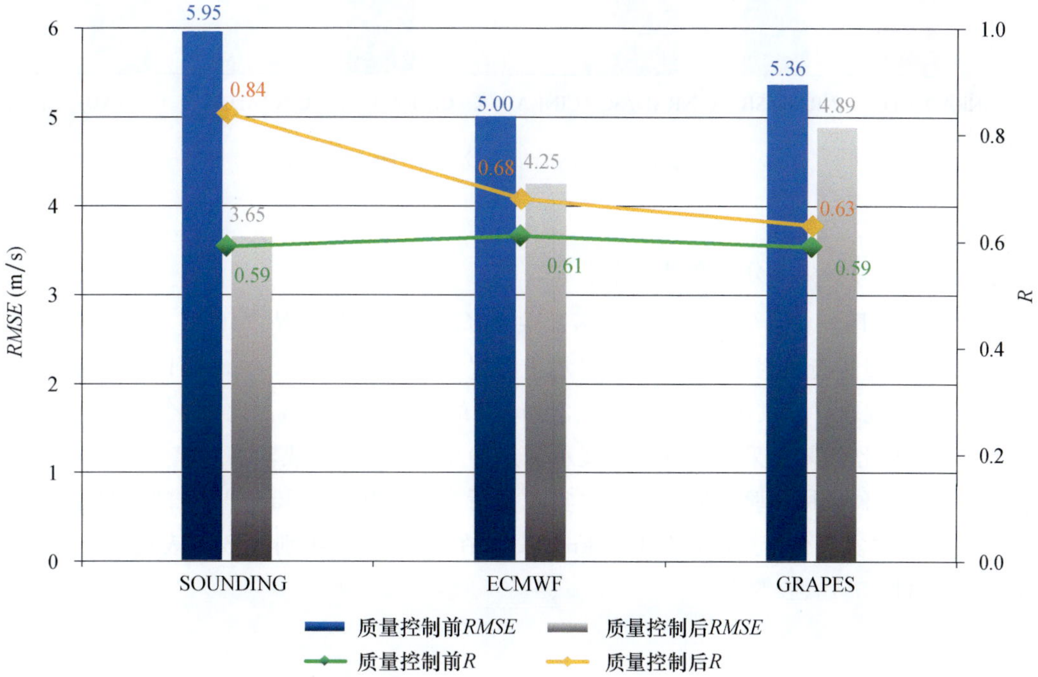

图 5.8 2020 年组合风场风速评估结果

2. 升级天气雷达 VWP 产品算法后,质量改进效果显著

2020 年 6 月起,中国气象局气象探测中心牵头改进了天气雷达垂直风廓线(Vertical Wind Profile,VWP)算法,并在 SA(SAD)型号天气雷达陆续进行集成。将 2020 年 6—12 月的天气雷达风场产品与 ECMWF 模式数据按型号进行比对评估,结果显示,SA(SAD)型号雷达引入新 VWP 算法后,比原 VWP 算法评价为良的站点比例增加了 31%,达到 98%,远高于其他型号雷达评价为良的站点比例,算法改进效果显著。后续探测中心将陆续推进其他型号天气雷达 VWP 算法升级,进一步提升组合风场产品质量(图 5.9)。

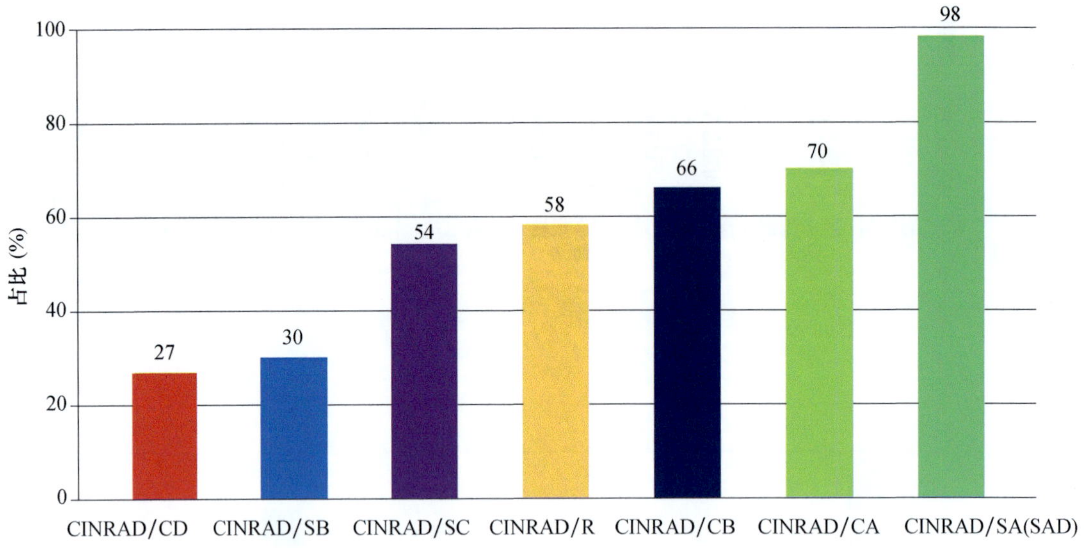

图 5.9 天气雷达风场产品按型号评价为良的站点比例

3. 多源融合降水实况分析产品综合表现较好

将 2020 年中国气象局气象探测中心多源融合降水实况分析产品(MOC_3 km_PCP)与观测站点 1 h 降水量进行比对评估,显示二者均方根误差(*RMSE*)为 1.78 mm/h,决定系数(R^2)为 0.71,综合表现较好。其中 *RMSE* 小于 2 mm/h 的有 2099 个站,占比 87%,R^2 大于 0.8 的有 1501 个站,占比 62%。采用评分综合展示图用命中率(POD)、成功率(SR=1−FAR)、TS 评分以及 Bias 四种指标检验多源融合降水实况分析产品(MOC_3 km_PCP)的质量。结果显示,多源融合降水实况分析产品(MOC_3 km_PCP)在中雨、大雨级别的 Bias 表现优异,分别达到 0.98、0.97(图 5.10、表 5.1)。

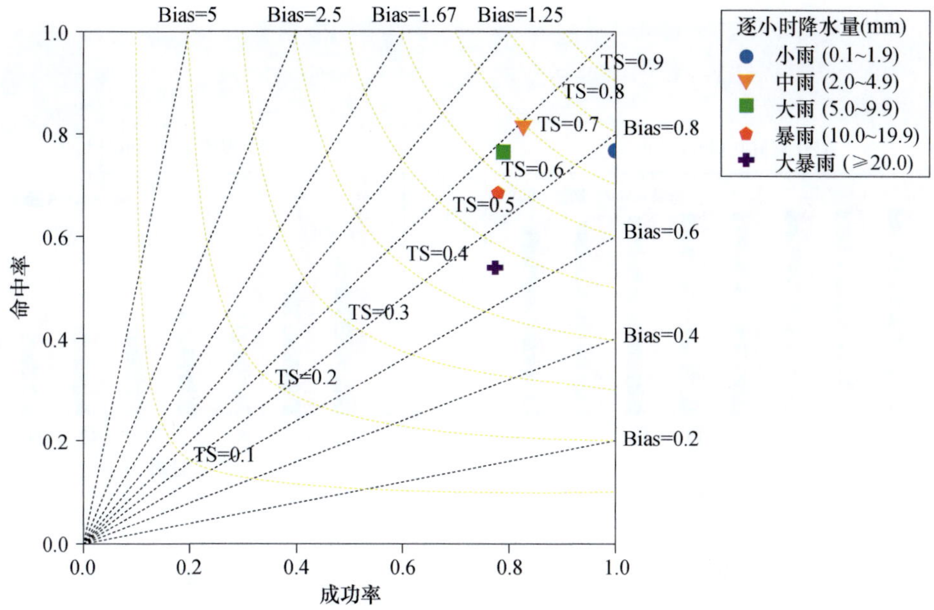

图 5.10 多源融合降水实况分析产品(MOC_3 km_PCP)2020 年降水分级检验综合表现图

(命中率、成功率、TS 评分以及 BIAS 越接近于 1,表示降水的效果越好)

表 5.1 多源融合降水实况分析产品(MOC_3 km_PCP)2020 年度综合表现结果

等级	逐小时降水量(mm)	Bias	POD	TS	FAR
小雨	0.1～1.9	0.77	0.77	0.77	0
中雨	2.0～4.9	0.98	0.81	0.69	0.17
大雨	5.0～9.9	0.97	0.76	0.63	0.21
暴雨	10.0～19.9	0.88	0.68	0.57	0.22
大暴雨	≥20.0	0.7	0.54	0.47	0.22

4. 天气雷达全国反射率因子数值模式同化应用

北京城市气象研究院同化中国气象局气象探测中心质控后的天气雷达全国反射率数据,局地强降水过程和系统性大范围降水的预报能力均有提高,对局地强降水的成功预报和有效提示起着重要作用,华南区域、长江流域等主要降水带漏报情况得到明显改善,9 km 区域降水 TS 评分提高最高可达 19.9%(图 5.11)。

5. 风廓线雷达小时级产品及天气雷达径向风数值模式同化应用

北京城市气象研究院同化中国气象局气象探测中心质控后的风廓线雷达小时级资料、天气雷达径向风资料,3 h 及 6 h 预报提高明显,平均提高约 6%,同化效果更稳定、显著;3 h 累计降水风险评估(TS 评分)均有改进,大量级降水中更显著,同化效果可维持 24 h。具体见图 5.12 和图 5.13。

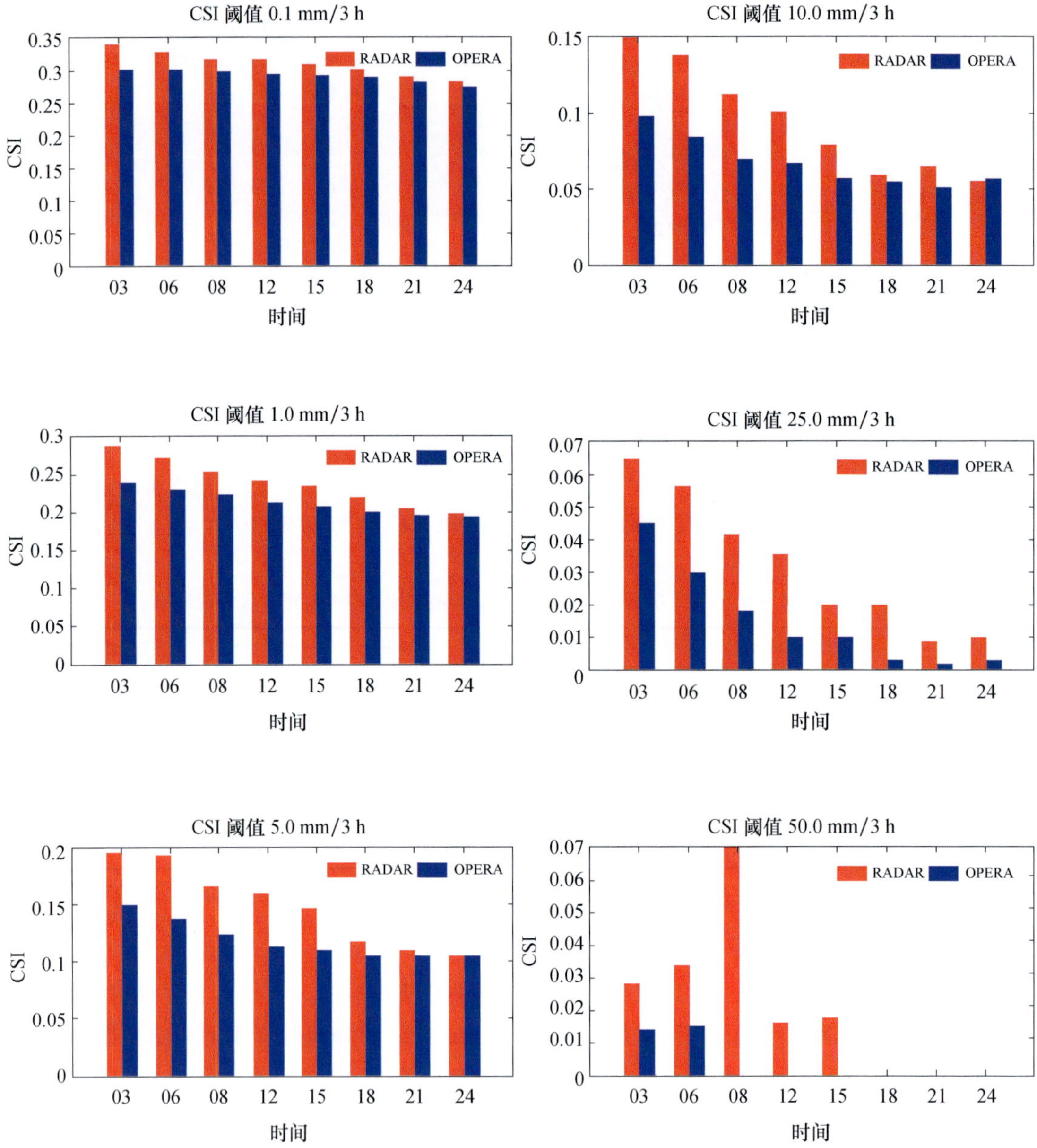
CSI 阈值 0.1 mm/3 h
RADAR
OPERA
CSI
0.35
0.3
0.25
0.2
0.15
0.1
0.05
0
03 06 08 12 15 18 21 24
时间
CSI 阈值 10.0 mm/3 h
RADAR
OPERA
CSI
0.15
0.1
0.05
0
03 06 08 12 15 18 21 24
时间
CSI 阈值 1.0 mm/3 h
RADAR
OPERA
CSI
0.3
0.25
0.2
0.15
0.1
0.05
0
03 06 08 12 15 18 21 24
时间
CSI 阈值 25.0 mm/3 h
RADAR
OPERA
CSI
0.07
0.06
0.05
0.04
0.03
0.02
0.01
0
03 06 08 12 15 18 21 24
时间
CSI 阈值 5.0 mm/3 h
RADAR
OPERA
CSI
0.2
0.15
0.1
0.05
0
03 06 08 12 15 18 21 24
时间
CSI 阈值 50.0 mm/3 h
RADAR
OPERA
CSI
0.07
0.06
0.05
0.04
0.03
0.02
0.01
0
03 06 08 12 15 18 21 24
时间

(a) TS评分

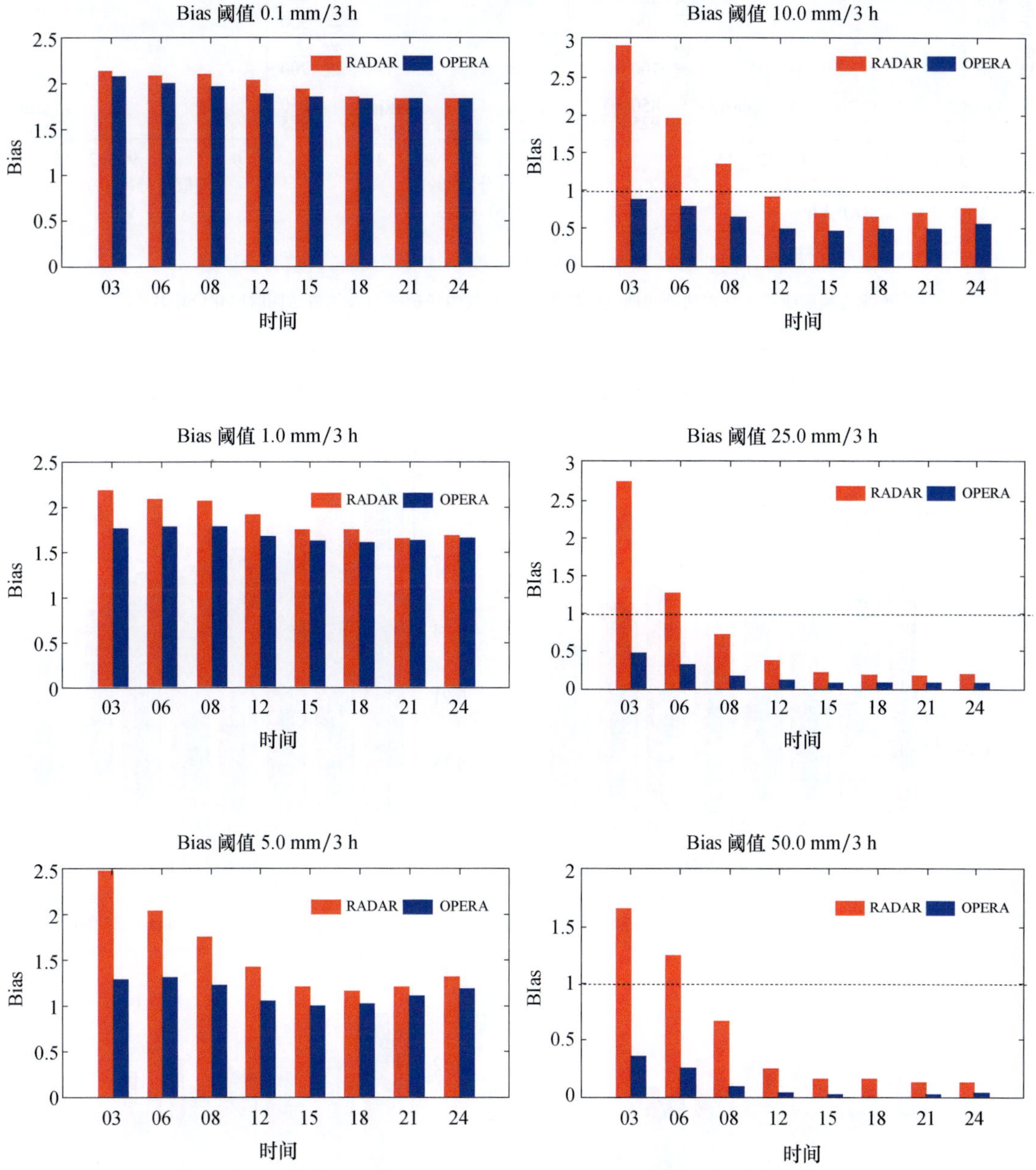

(b) Bias评分

图 5.11　9 km 区域 MET 检验 3 h 累计降水检验结果

（红色为 RADAR 试验，蓝色为 OPERA 试验）

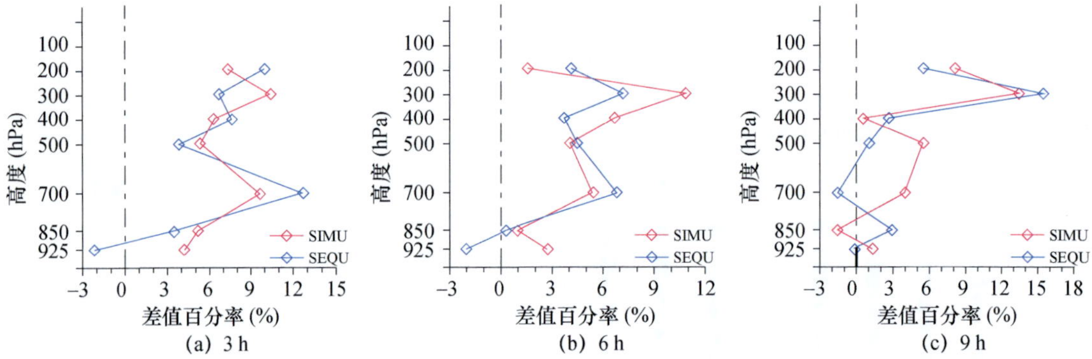

图 5.12　两种同化方法高空风 RMSE 与控制试验 RMSE 差值百分率廓线

（蓝色线为风廓线与天气雷达顺序同化(SIMU)；红色线为风廓线与天气雷达同时同化(SEQU)）

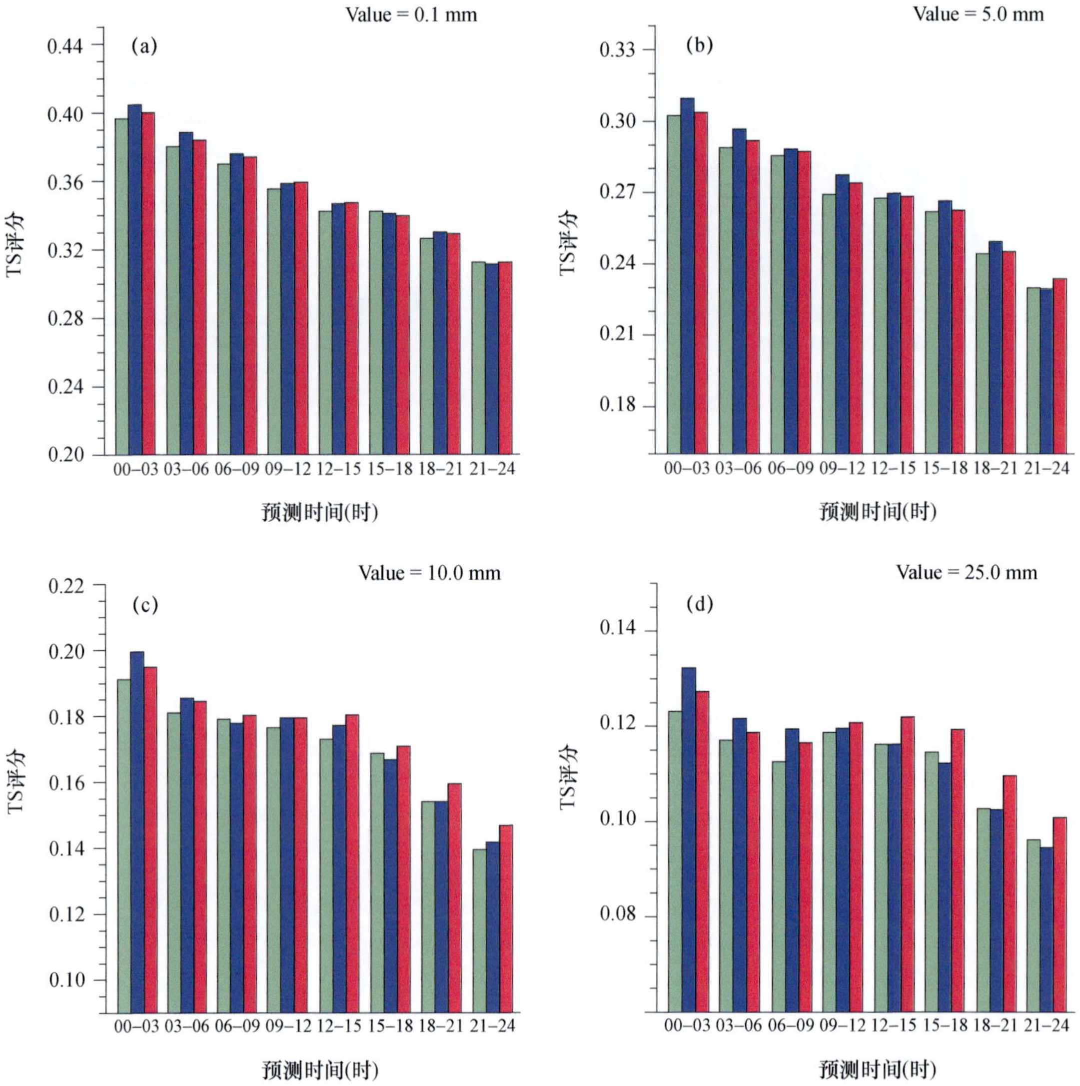

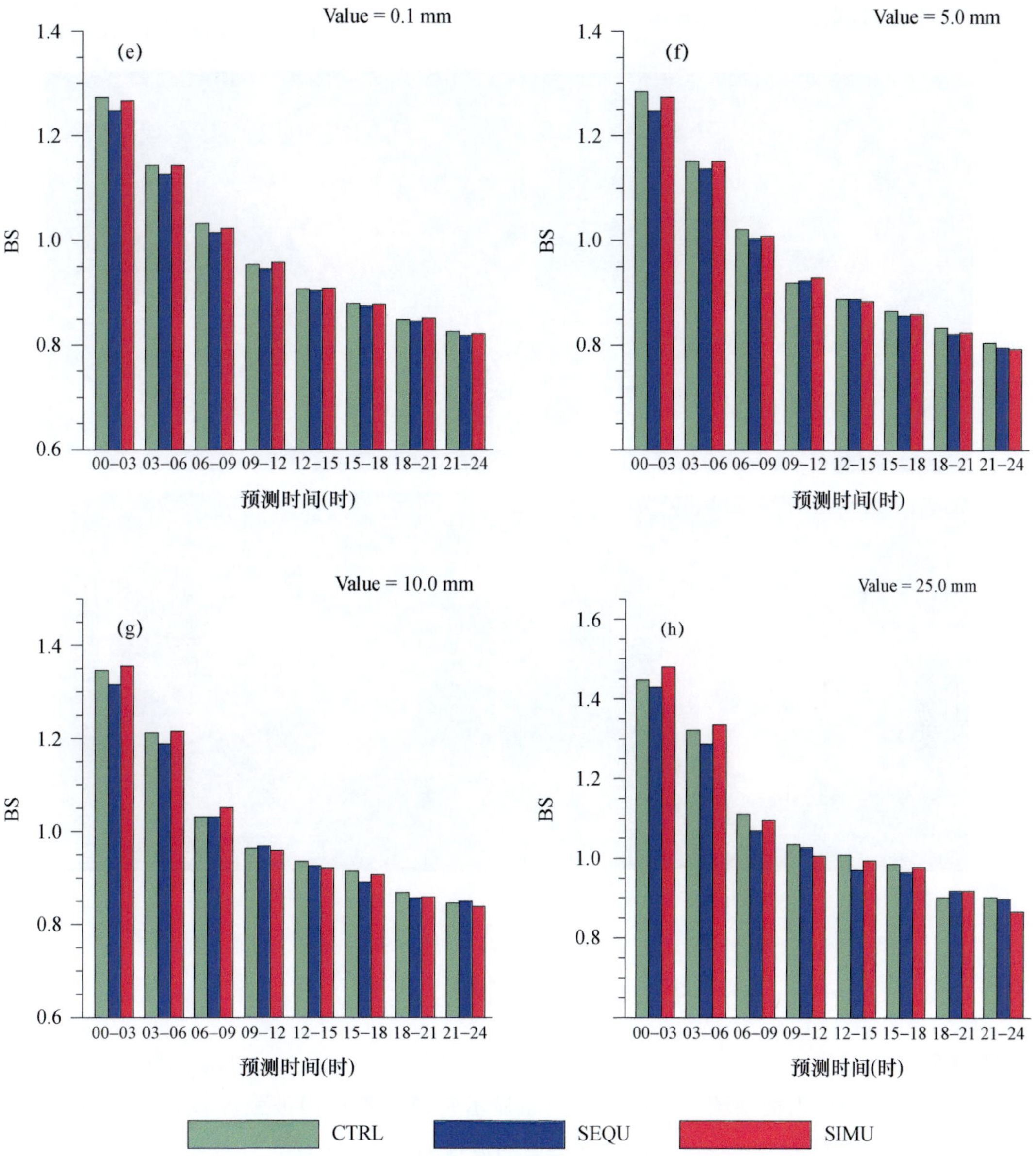

图 5.13　对 3 h 累计降水预报的技巧平均

（绿色代表控制试验，蓝色代表顺序同化试验，红色代表同时同化）

6. 天气雷达质量改进案例

实例 1：

2020 年 6 月 27 日，通过天气雷达径向速度数据发现，重庆万州站天气雷达观测的径向速度与实际方向相反（恩施站正常），经检查，重庆万州站雷达频率源与信号处理器配合出现问题，维修处理后，数据恢复正常（图 5.14）。

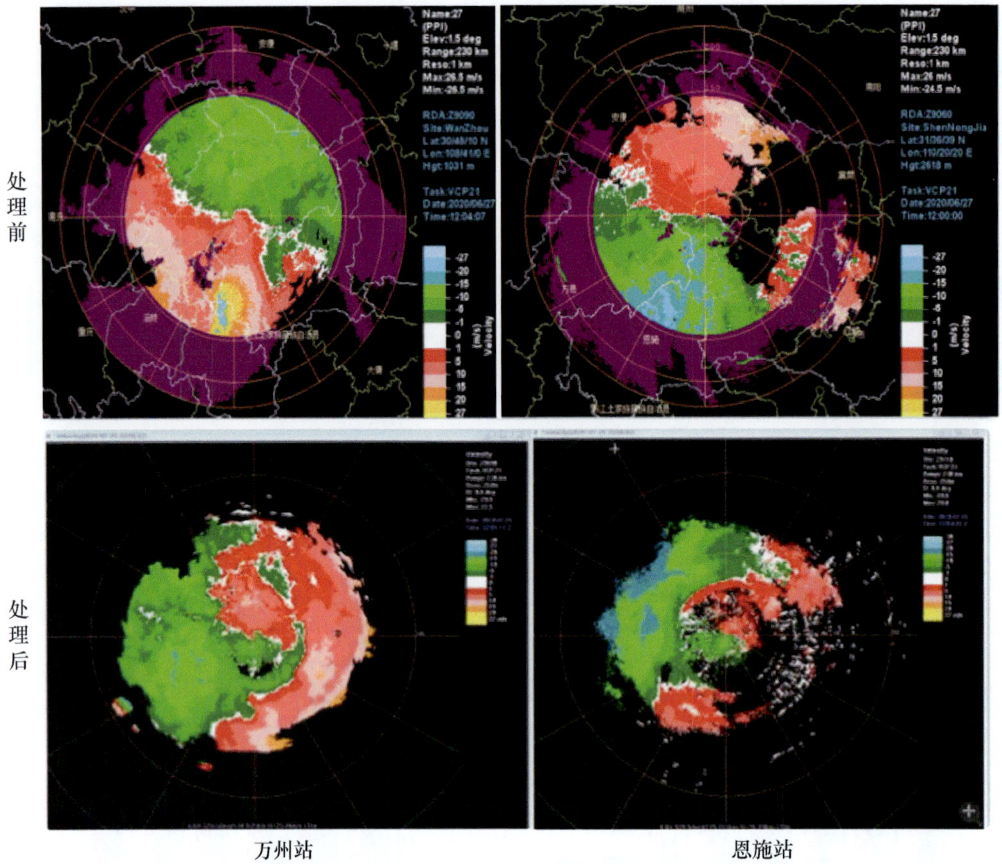

图 5.14　万州站径向速度方向相反调整前后对比及其与正常站恩施站对比

（左侧为异常站万州站、右侧为正常站恩施站）

实例 2：

2020 年 7—8 月，天衡系统均一性评估产品显示常德站雷达回波强度较长沙站雷达回波强度持续偏弱，平均偏差 3～5 dB。针对常德站回波偏弱情况，8 月 5 日对常德站雷达现场标定后的数据表明，均一性评估结果由可疑变为可信，平均偏差降低到 1 dB 左右，标定效果非常明显（图 5.15）。

实例 3：

2020 年福建宁德站雷达同频干扰严重，图 5.16 为 2020 年 5 月 8 日 10:54 0.5°仰角的观测图，在雷达的西北、西南方向存在大面积的径向干扰，经原算法质控后，干扰回波基本无法消除，经改进算法质控后，绝大多数的干扰回波被消除。

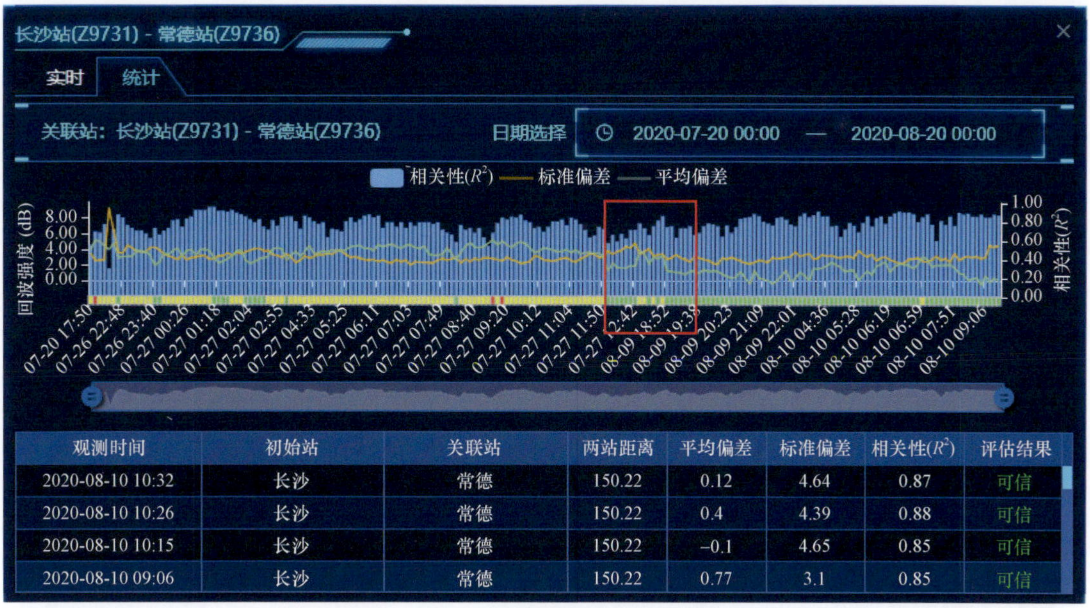

图 5.15　2020 年 7 月 20 日至 8 月 20 日雷达回波均一性对比结果

（红框为标定前后）

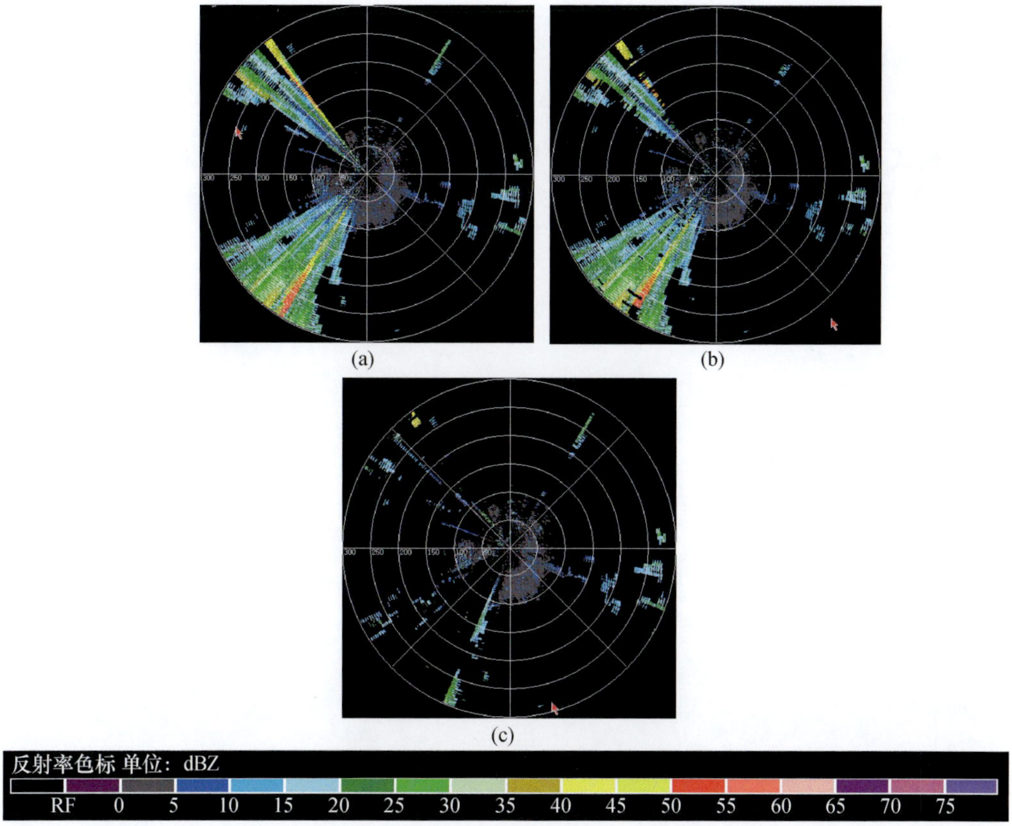

图 5.16　福建宁德 SA 雷达 0.5°仰角观测电磁干扰回波质控对比

(a)质控前；(b)改进算法质控后；(c)原算法质控效果

图 5.17 所示为 2020 年 4 月 6 日 17:05 新疆塔斯尔海站雷达 0.5°仰角观测图，由于频综出现问题，在雷达 150 km 范围内存在大面积的地物回波，其径向速度较大，原业务质控算法无法对其完全消除，经改进后，地物回波基本被消除。

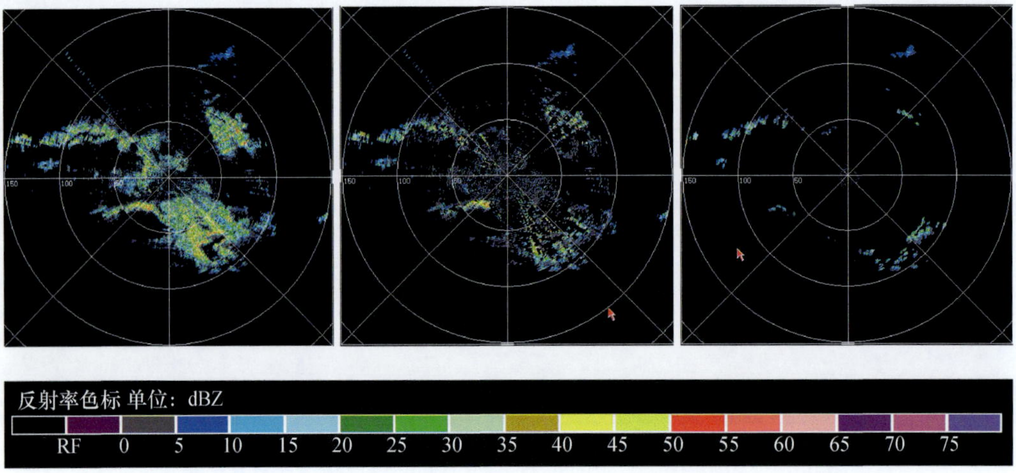

图 5.17　新疆塔斯尔海站 CC 雷达 0.5°仰角观测地物回波质控对比

（左为质控前，中为原算法质控效果，右为改进算法质控后）

7. 风廓线雷达质量改进典型案例

2020 年 1 月 8 日，山东济南站风廓线雷达(54727，3 km 型)探测高度低于 2 km，通过与 GRAPES 模式对比发现，风速异常偏小。经与台站确认为设备故障，更换接收机中频采样模块和部分组件后，数据恢复正常(图 5.18)。

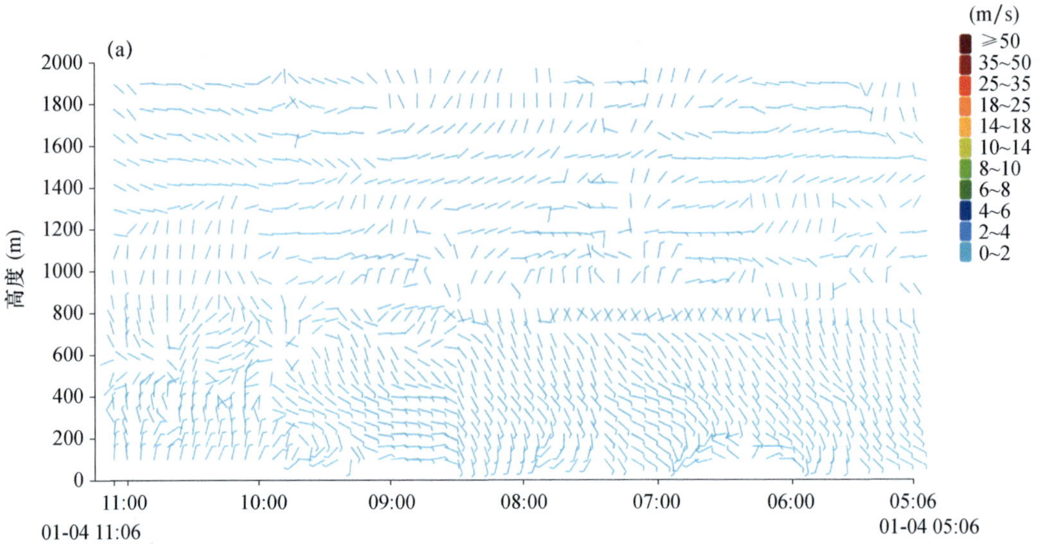

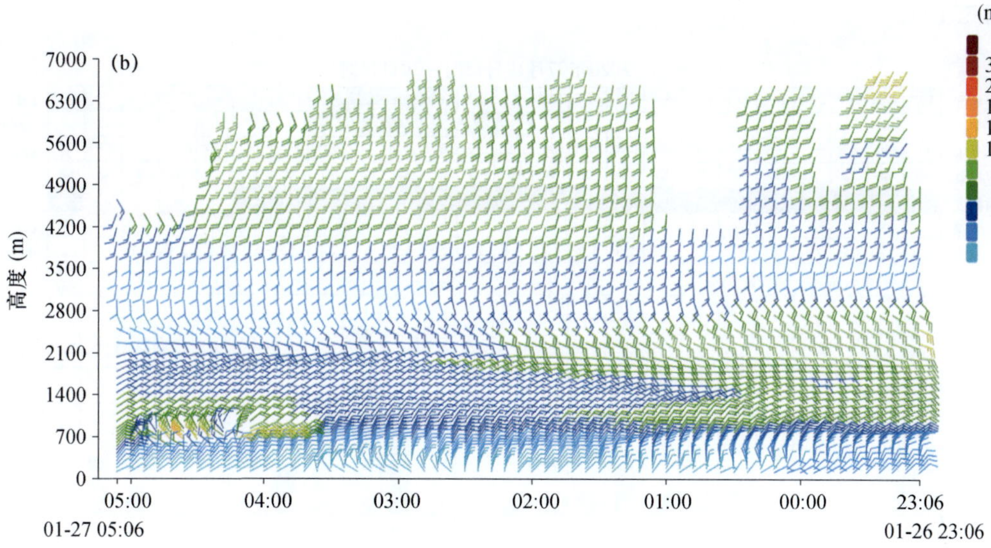

图 5.18 2020 年 1 月山东济南故障恢复前后情况

(a)故障修复前;(b)故障修复后

8. 国家级地面气象观测站质量改进典型案例

国家级地面气象观测网数据质量问题包括设备维护维修流程不规范、观测装备技术标准与业务要求不一致两大类,运行维护保障不及时、未执行业务规范、不符合装备业务技术要求三小项,出现数据质量问题有 10 余省 20 余站次。具体见表 5.2。

表 5.2 国家级地面气象观测网数据质量典型问题

数据质量问题分类	数据质量问题分项	要素	具体问题	改进情况
设备维护维修流程不规范	运行维护保障不及时	气温、地温、湿度、风向分钟能见度	传感器故障	更换设备,解除故障
		分钟能见度	供电系统故障,供电异常	更换供电设备,解除故障
		气温、湿度、风速	采集器故障	及时维修,解除故障
		气压、风向、地温	通信系统故障,通信线路损坏	及时维修,解除故障
	未执行业务规范	湿度	机箱门异常打开,湿度跳变	遵守规范,解除异常
		小时降水	维护不规范,导致异常降水	
观测装备技术标准与业务要求不一致	不符合装备业务技术要求	分钟能见度	能见度输出模式	通过终端命令,修改采集器参数,解除异常
		分钟能见度	能见度数据超上限	厂家更新采集器程序,解除异常

实例 1:

湿度传感器等故障导致观测数据缺测。2020 年 7 月 20 日 11—14 时,天衍系统中发现台站湿度传感器观测数据缺测,经检查数据质量控制码后发现,质控编码标识为"8",确认湿度传感器观测数据未正常上传，经联系台站确认传感器故障导致数据缺测，更换备件后，观测数据正常(图 5.19)。

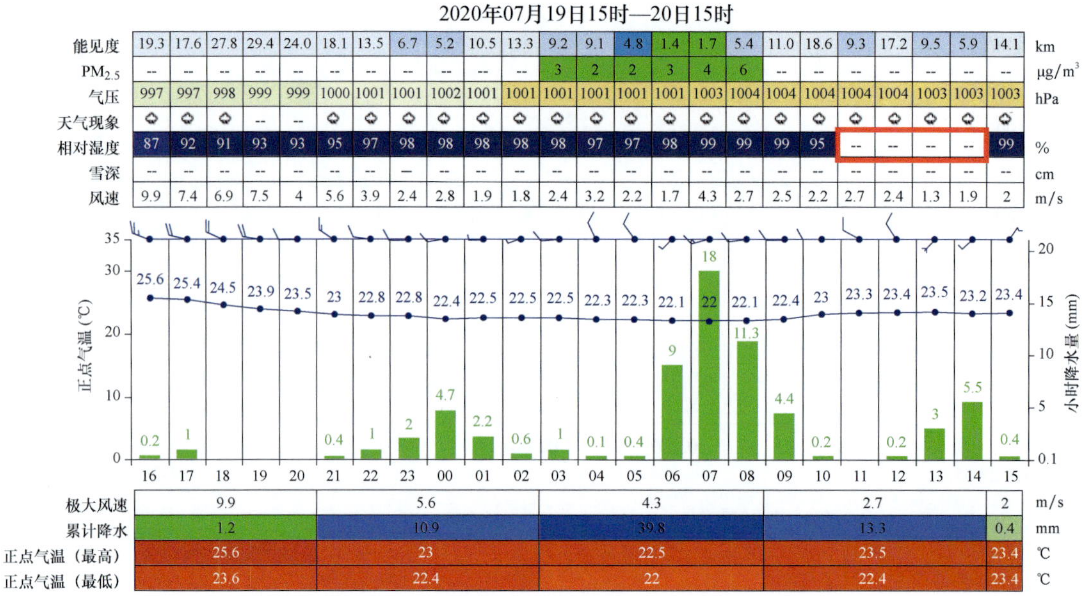

图 5.19　湿度传感器等故障恢复前后情况

实例 2：

传感器线路故障导致观测数据缺测。2020 年 10 月 30 日 01 时，天衍系统中发现台站能见度传感器观测数据缺测，经检查数据质量控制码后发现，质控编码标识为“8”，确认能见度传感器观测数据未正常上传，经联系台站确认传感器连接线路故障导致数据缺测，重新连接线路后，观测数据正常(图 5.20)。

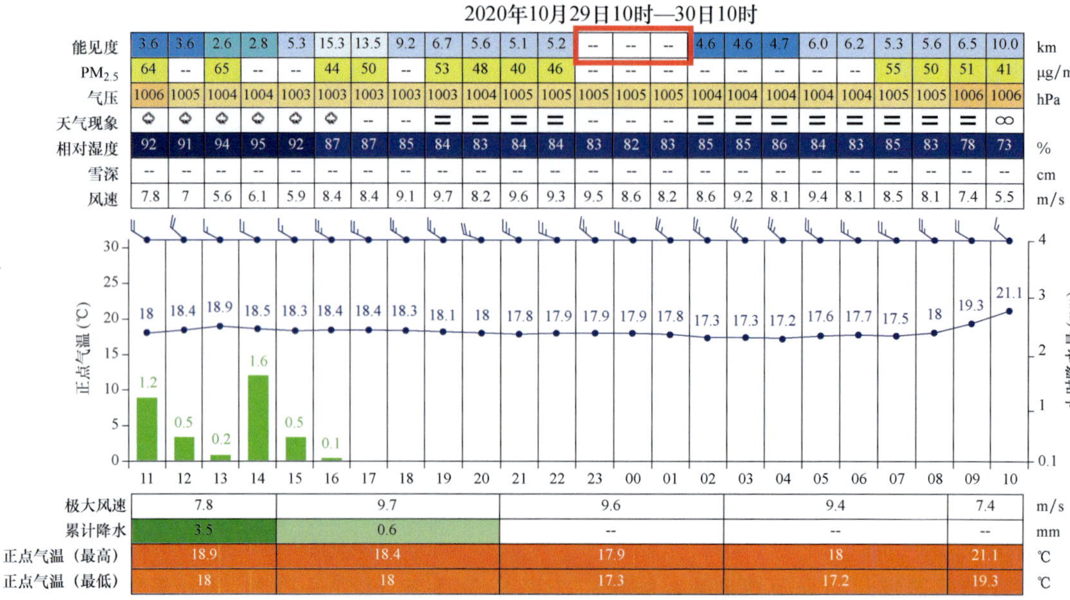

图 5.20　能见度传感器故障恢复前后情况

9. GNSS/MET 质量改进典型案例

实例 1：

由于观测设备故障导致观测无法正常开展，河南省观测数据故障，造成数据格式错误，需更换天线和接收机才能解决问题（表 5.3）。中国气象局气象探测中心经多次联系河南省气象局观测处，确认设备故障台站是河南省气象局与河南地矿局共建台站，设备由共建单位维护，目前因缺少维护经费导致设备无法维修。该问题已上报中国气象局综合观测司，并纳入改造计划。

表 5.3 河南省观测设备故障台站列表

序号	省份	台站	站号	备注
1	河南	新郑	57086	须更换天线和接收机
2	河南	巩义	57080	须更换天线和接收机
3	河南	南乐	54901	须更换天线和接收机
4	河南	民权	58004	须更换天线和接收机
5	河南	舞阳	57185	须更换天线和接收机
6	河南	上蔡	57194	须更换天线和接收机
7	河南	原阳	53989	须更换天线和接收机
8	河南	鹤壁	53990	须更换天线和接收机
9	河南	濮阳	54900	观测设备故障
10	河南	新乡	53986	观测设备故障
11	河南	南阳	57178	观测设备故障
12	河南	信阳	57297	观测设备故障
13	河南	三门峡	57051	观测设备故障
14	河南	偃师	57076	观测设备故障
15	河南	驻马店	57290	观测设备故障

实例 2：

中国气象局气象探测中心开展逐站排查和精准技术指导服务，先后联合相关省气象局装备中心或市气象局解决了西藏隆子、那曲，以及广西合浦站、河北河间站因电磁干扰或树木遮挡导致的观测质量问题。电磁干扰可导致 GNSS/MET 观测数据质量变差，多路径效应变强或周跳变得严重。例如西藏隆子站北斗数传和 GNSS/MET 观测设备之间的距离太近（约 2 m），导致北斗数传干扰 GNSS/MET 观测（图 5.21），造成 GNSS/MET 观测发生严重周跳。2020 年 8 月 5 日 09 时（UTC）经过水汽团队的督促与技术指导，整改后数据质量恢复正常（图 5.22）。

图 5.21　西藏隆子站北斗数传(左边白色装置)干扰地基 GNSS/MET 观测(右侧黄色天线)

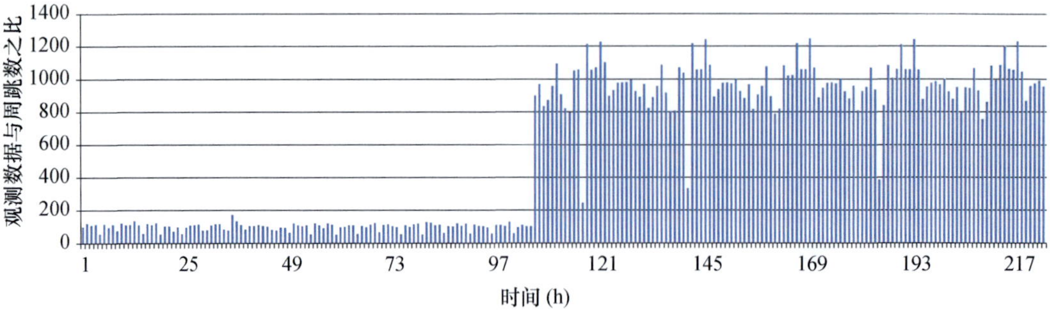

图 5.22　隆子站北斗数传关闭前后 GNSS/MET 观测的观测数与周跳数之比的变化

10. 雷电观测站质量改进典型案例

实例 1:

2020 年 3 月 20 日,发现新疆和布克赛站闪电定位仪数据异常,经检测为电源盒老化,无法正常工作,更换电源盒组件后,数据恢复正常,参与定位后定位结果正确数据提高 217.9%(图 5.23)。

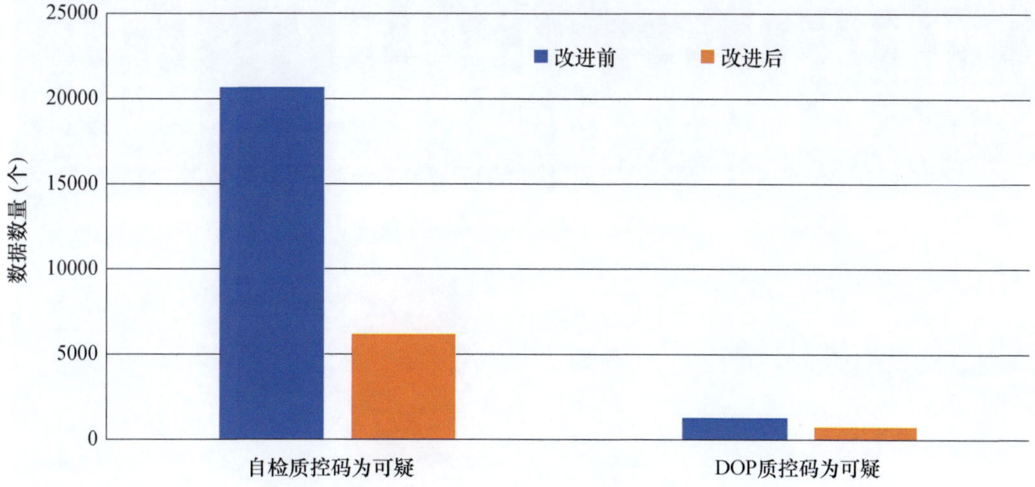

图 5.23 新疆和布克赛站故障恢复前后情况

实例 2：

2020 年 4 月北京站闪电定位仪数据异常，北京站数据获取率偏高，频次数为 3159 次，占实际运行天数的 98.5%。经核查，北京站设备通信组件 nport 配置信息异常，该设备配置两个指向国家级的 IP 地址，改进后，数据恢复正常(图 5.24)。

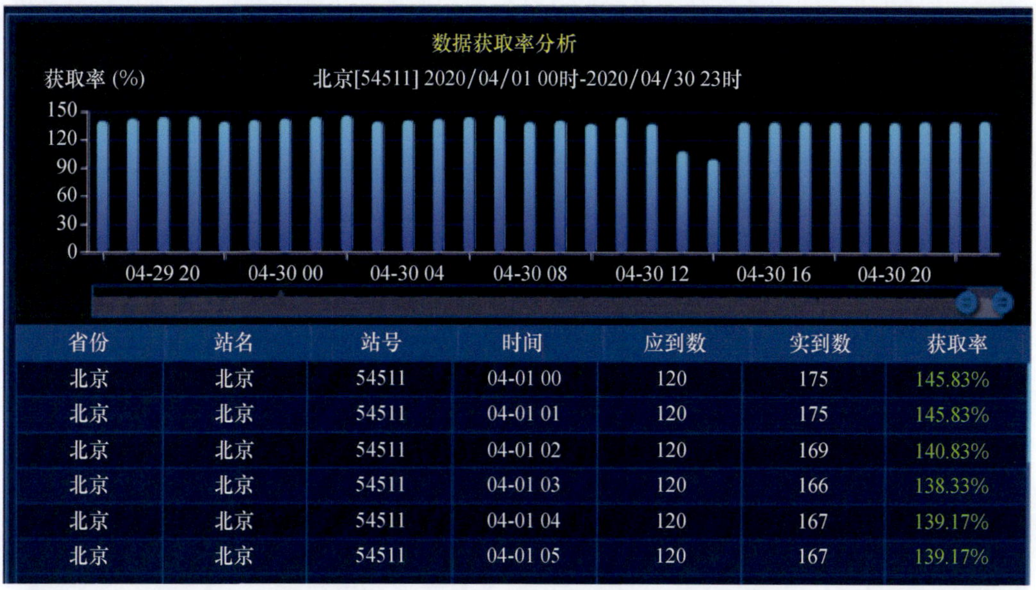

省份	站名	站号	时间	应到数	实到数	获取率
北京	北京	54511	04-01 00	120	175	145.83%
北京	北京	54511	04-01 01	120	175	145.83%
北京	北京	54511	04-01 02	120	169	140.83%
北京	北京	54511	04-01 03	120	166	138.33%
北京	北京	54511	04-01 04	120	167	139.17%
北京	北京	54511	04-01 05	120	167	139.17%

(a) 改进前

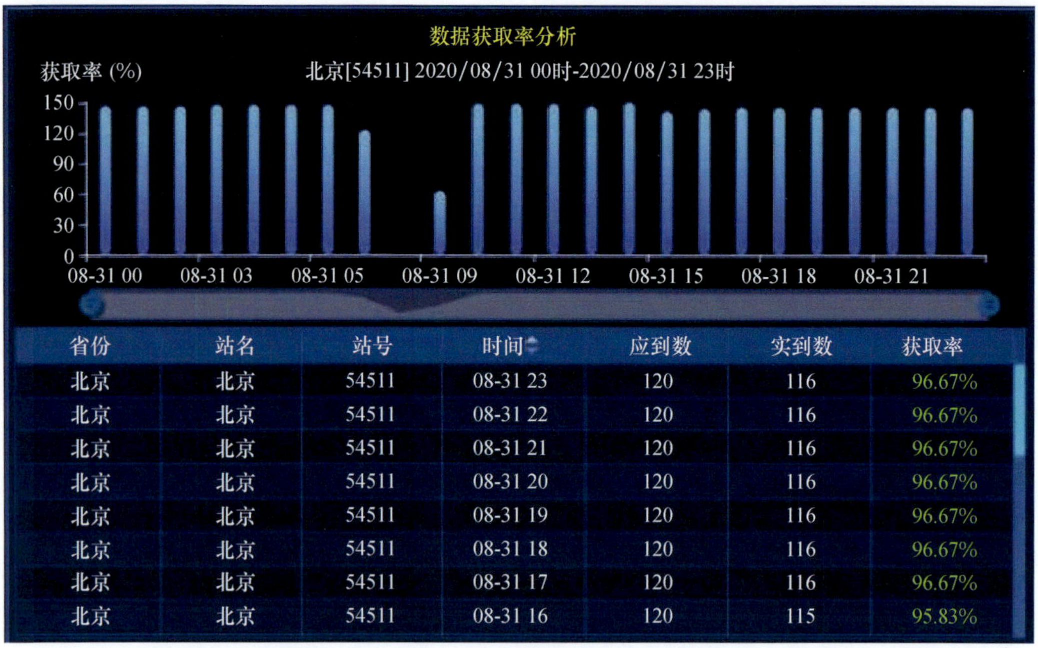

省份	站名	站号	时间	应到数	实到数	获取率
北京	北京	54511	08-31 23	120	116	96.67%
北京	北京	54511	08-31 22	120	116	96.67%
北京	北京	54511	08-31 21	120	116	96.67%
北京	北京	54511	08-31 20	120	116	96.67%
北京	北京	54511	08-31 19	120	116	96.67%
北京	北京	54511	08-31 18	120	116	96.67%
北京	北京	54511	08-31 17	120	116	96.67%
北京	北京	54511	08-31 16	120	115	95.83%

(b) 改进后

图 5.24　北京站雷电数据获取率偏高改进前后对比

(a)改进前;(b)改进后

11. 大气成分观测站质量改进典型案例

2020 年 9 月 21 日,通过天衡系统发现重庆江津大气成分站(站号 57517)气溶胶质量浓度数据异常,连续十几个小时为 0 值。及时联系台站对问题进行诊断和分析,发现是数据采集板故障造成观测数据质量问题。督促台站对设备维护维修后问题得到解决,到 2020 年 9 月 26 日 13 时起,数据正常(图 5.25)。

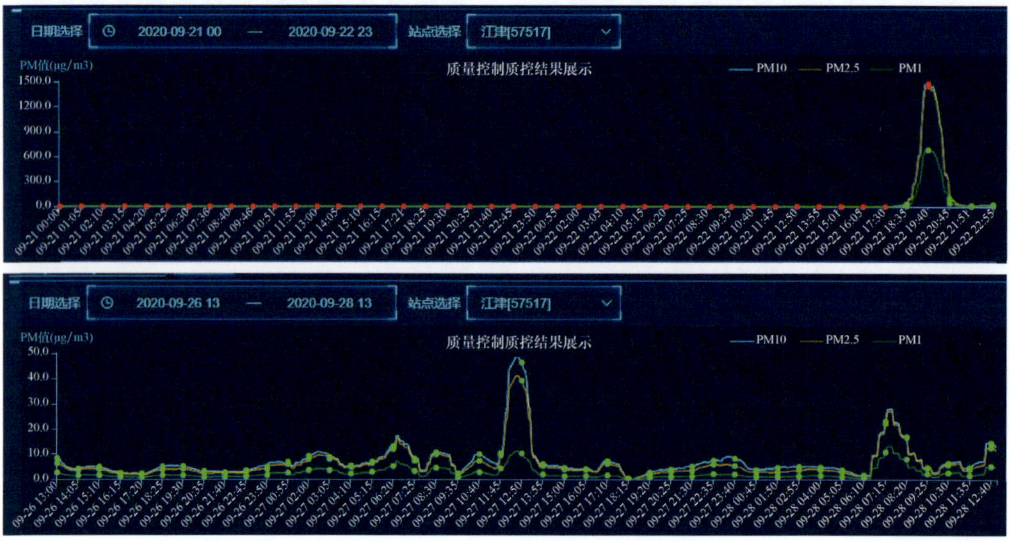

图 5.25　大气成分气溶胶质量浓度设备维修前(上)后(下)对比图

12. 自动土壤水分观测站质量改进典型案例

实例 1：

自动土壤水分站观测环境变化，如土壤质地变化、龟裂等，会导致定标参数或土壤水文物理常数漂移，从而引起土壤水分体积含水量超限、相对湿度超限、观测值无变化等质量问题。如四川苍溪陵江站(S2764)由于观测环境变化导致定标参数漂移，通过联合四川省气象局和厂家，对仪器进行重新标定，有效解决了相对湿度长期超限问题(图 5.26)。

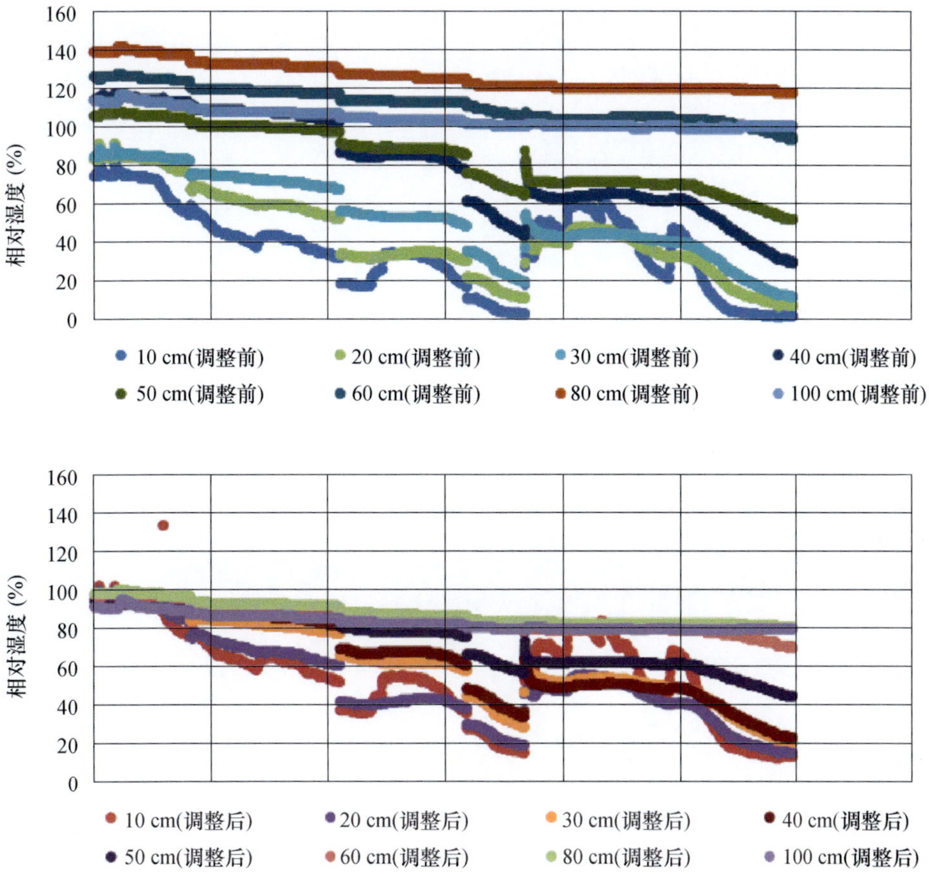

图 5.26　四川省苍溪陵江站定标前(上)后(下)数据对比

实例 2：

2009 年自动土壤水分站开始大规模建设，至今超过 50%的站点建站时间超过 10 年，由于仪器老化、2G 网络模块未升级等原因引起的性能不达标问题突出，表现为无观测数据、观测数据长期为零、观测数据跳变等质量问题。例如，四川广安站由于传感器损坏，2 个多月无观测数据，通过更换传感器及配件，数据恢复正常。